激发孩子兴趣的
极地百科

冰河　编著

中国纺织出版社有限公司

内 容 提 要

极地是地球的南北两端，常年白雪皑皑、气温很低，但这里依然有很多顽强的生命，北极有原住民因纽特人，有庞大的北极熊，南极有憨态可掬的企鹅，有被誉为“地球之最”的蓝鲸……人类对极地探索的脚步也从未停止，两极到底隐藏着多少我们不知道的秘密呢？让我们一起进行一次探秘之旅吧！

本书将向孩子介绍南北两极的地形地貌、气候特征，介绍极地的美丽奇景，以及生长于极地动植物的外形特征、生活习性以及趣味故事等，希望孩子能对极地产生兴趣。接下来，请发挥你的无限想象力，和我们一起去遥远的极地世界探险吧！

图书在版编目（CIP）数据

激发孩子兴趣的极地百科 / 冰河编著. -- 北京：中国纺织出版社有限公司，2024.4

ISBN 978-7-5180-9652-7

Ⅰ. ①激… Ⅱ. ①冰… Ⅲ. ①极地—儿童读物 Ⅳ. ①P941.6-49

中国版本图书馆CIP数据核字（2022）第113387号

责任编辑：刘桐妍　　责任校对：高　涵　　责任印制：储志伟

中国纺织出版社有限公司出版发行

地址：北京市朝阳区百子湾东里A407号楼　邮政编码：100124

销售电话：010—67004422　传真：010—87155801

http://www.c-textilep.com

中国纺织出版社天猫旗舰店

官方微博 http://weibo.com/2119887771

三河市延风印装有限公司印刷　各地新华书店经销

2024年4月第1版第1次印刷

开本：710×1000　1/16　印张：9.5

字数：90千字　定价：49.80元

亲爱的孩子们，

你知道因纽特人吗？

你知道雪也能盖房子吗？

你知道为什么南极比北极还冷吗？

你知道阿拉斯加犬和哈士奇犬的由来吗？

你知道为什么南极会有禁狗令吗？

你知道企鹅为什么生活在南极吗？

你知道冰天雪地的北极有开花的植物吗？

你知道全球气候变暖会有什么后果吗？

……

以上这些问题，都是极地百科的内容。极地，是指地球的南北两端，纬度66.5°以上，常年被白雪覆盖的地方。这里气温非常低，以至于几乎没有植物生长。极地最大的特征就是昼夜长短随四季的变化而改变；冬天时在极地几乎看不到太阳，称为极夜；而夏天时就算到了午夜，太阳也还是在地平线上，不会下山，称为极昼。

虽然极地气候恶劣，但是仍然生存着各种各样顽强的生命。为了积蓄热量，动物们大多有厚厚的皮毛，为了获得生长的能量，植物的种子会自己储存阳光，甚至连生活在这里的人类——因纽特人也会吃生肉。一直以来，为了探索这片神秘的区域，探险家和科学家们从未停止过脚步，1909年4月6日，美国北极探险家皮里成功到达北极点，成为世界上第一个到达北极的人。1911年，挪威探险家罗阿尔德·阿蒙森第一次抵达南极点。20世纪50年代以后，各国在南极的科学考察站也相继建立。

然而，人类在两极的活动远不止这些探险和科考活动，还有很多矿产资源的开发、石油的开采、工厂的建立，这些活动给极地生态环境带来了恶劣的影响，在商业利益的驱使下，两极的很多生物遭到滥捕滥杀，陷入危机中，另外，冰川融化、臭氧层遭到大规模破坏，都对极地环境产生了威胁。

不过，庆幸的是，人们已经开始认识到极地环境对全人类的重要意义，并开始参与到保护极地的行动中来，相信在未来一定会有所成效。

其实，很多孩子都在电视节目中看到过冰天雪地的极地，对极地世界也充满了兴趣，然而，要想真正了解关于极地的知识，还需要一本对其进行系统性介绍的书籍，这就是我们编写本书的目的。

本书从趣味性出发，兼顾实用性，从极地的地形地貌、气候特征开始谈起，介绍了生活在极地的动植物的特点与习性，激发孩子探索极地的兴趣，并认识到保护极地环境的重要性，现在让我们打开这本《激发孩子兴趣的极地百科》，一起开启探索之旅吧！

编著者

2022年3月

目录
CONTENTS

第01章
走进极地，了解广袤的冰雪世界

在地球的南北两端、纬度66 .5° 以上的地方，终年白雪覆盖着大地，气温非常低，以至于几乎没有植物生长，这就是极地。极地分为南极和北极，但南极和北极在地形、地貌、气候上也有着巨大的差异，那么，南极和北极究竟是怎样的呢？它们具体又有怎样的不同呢？带着这些问题，我们来看看本章的内容。

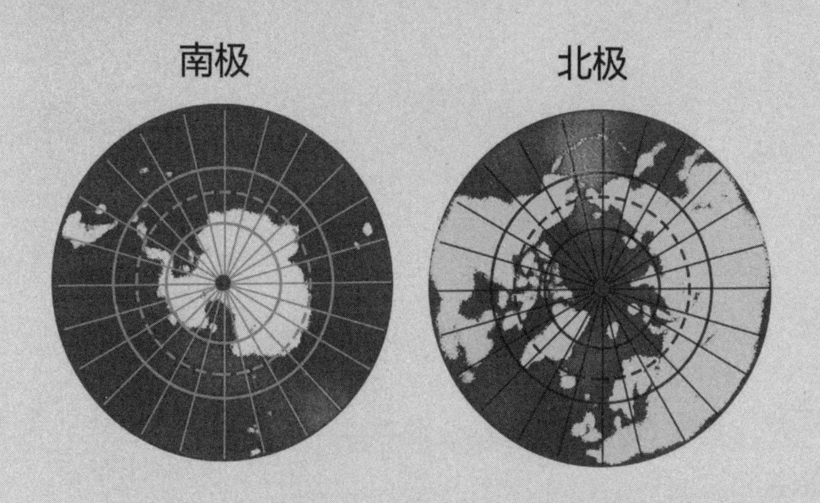

寒冷的世界：南极和北极

南北两极的气候都非常寒冷，你知道这是为什么吗？

地球南北两极之所以特别寒冷，是因为地球两极接收的太阳辐射较少。我们都有这样的感觉：到了夏天，早晨和傍晚要比中午气温降低不少，这是因为中午的时候太阳直射在我们头顶上，阳光在大气层中经历的路径短，损失少，光照最强，我们接收到的热量也就最多，感觉就最热；而早上和傍晚的太阳则偏离直射程度最远，有效辐射就要少得多，所以我们接收的热量也相对要少，感觉就比较凉快。

同样，由于赤道附近全年都是阳光直射，因此接收的热量较多，自然就感觉热，而在两极，就算是极昼，太阳总是在地平线附近徘徊，因此接收的热量相对较少。

而且，在北纬66° 34′至北纬90° 的地区和南纬66° 34′至南纬90° 的地区，还会出现极夜现象——有半年看不到太阳，接收不到太阳辐射，导致全年接收的热量减少，更为寒冷。

另外，地球两极由于冰雪覆盖，反射率高。北极的北冰洋、格陵兰岛等地区有很厚的冰川覆盖，南极更是有着巨厚的南极冰原，构成了两极白茫茫的景象。冰雪犹如一面镜子，将太阳辐射迅速反射到大气中，导致热量不能在地面累积储存。

同时，在两极，大气中水汽含量比较少，从地面到大气中的太阳穿透力更强，这样，热量更容易流失。与之相反的是，在低纬度地区，大气中的二氧化碳、水汽含量都更高，能更容易吸收地面辐射，这些热量在地球表面裹上了厚厚的一层棉被，地表温度也就更高了。

导致极地寒冷的另一个重要原因是极地高压的存在，极地本身温度低，从而造成两极上空的大气密度较大，形成极地高压，空气下沉形成极地环流，也带走了部分热量，进一步造成两极温度的下降。

不过，在冰天雪地的南极也有短暂的夏天，南极的夏天从前一年的12月到第二年的2月，如果在南大洋沿岸，这个季节的气温最高可达10℃，此时南极会出现一个短暂的无冰区，而从沿海到内陆，气温越来越低，到了南极的最高点，即便是夏季，温度也在零下30℃，不过，此处冬天的气温为零下80℃，这样比起来，夏天可真是“暖和”多了。

南极无冰区夏季的平均气温接近0℃，此时是南极生物们的活跃时期，我们经常听到的企鹅、海豹、海象、鲸鱼等动物都开始紧锣密鼓地囤积食物，为冬天做准备，与此同时，夏季也是它们繁殖的旺季。不仅如此，各个国家的科考团也会选择在夏天进行考察。

与南极相反的是，北极的夏天开始于6月，9月结束。夏季时，北冰洋的气温往往接近0℃，随着纬度降低，气温逐渐升高，通常在7～13℃，部分地区高达20℃。北冰洋到了冬天就成了一望无际的冰雪世界，到了夏季，这些冰会消融20%～40%。但是，2012年8月北冰洋的海冰几乎有70%消失了，这种现象出现的原因是全球气候变暖。

南极荒无人烟，但北极完全不同，北极一直都有人居住，人口高达150万。中国的北极科学考察站黄河站就位于北纬79°。一到夏天，位于考

察站周围的冰雪开始融化，大量苔原植物繁茂起来，甚至出现很多开花植物，北极绒鸭、北极燕鸥等海鸟也活跃起来，北极呈现出一片生机勃勃的景象。

南极的地形地貌特征

南极洲在地形地貌上有以下特点。

1.地形

南极洲是地球上最高的洲，大陆平均海拔2350米。最高点文森峰海拔5140米。整个南极大陆几乎都被冰雪覆盖，冰雪覆盖面高达98%，剩下的2%则被称为南极冰原的“绿洲”，冰雪平均厚度可达1880米，最厚的地方达4000米以上，在南极大陆的“绿洲”上分布着高峰、悬崖、湖泊和火山，是动植物的栖息和生存地。

南极洲被南极山脉贯穿，南极大陆因此被分为两个部分。

一个部分是东南极洲，这一部分为古老的地盾和准平原，横贯南极洲山脉绵延于地盾的边缘部分，这一部分比另外一部分面积更大。另外一个部分就是西南极洲，面积较小，为褶皱带，由山地、高原和盆地组成。东西两部分之间有一沉陷地带，从罗斯海一直延伸到威德尔海。

南极大陆共有两座活火山，那就是欺骗岛上的欺骗岛火山和罗斯岛上的埃里伯斯火山。欺骗岛火山在1969年12月曾经喷发过，此处曾经也有科学考察站，但因为火山喷发，这些科学考察站瞬间化为灰烬，直到现在，人们在谈及此事时还心有余悸。

2.地势

南极大陆的地势在地球上是最高的，南极大陆的平均海拔高度为2350米，而地球上的其他几个大洲的高度分别是：亚洲为950米，北美洲为700米，南美洲为600米，非洲为750米，而欧洲只有340米，大洋洲为350米。

因此，南极大陆素有“冰雪高原”之称。但是，如果将南极大陆的冰雪全部铲平，它的平均高度也只有410米，这比一些大陆的平均高度就要低多了。

3.边缘海与岛屿

南极洲边缘海有属于南太平洋的别林斯高晋海、罗斯海、阿蒙森海和属于南大西洋的威德尔海等。主要岛屿有奥克兰群岛、布韦岛、南设得兰群岛、南奥克尼群岛、阿德莱德岛、亚历山大岛、彼得一世岛、南乔治亚岛、爱德华王子群岛、南桑威奇群岛。

4.气候特征

南极洲的气候特点是酷寒、烈风和干燥。除了严寒之外，南极地区还被称为地球上的“白色荒漠”和“风库”，大部分地区的年平均降水量为55毫米，降水量最少的地方不足5毫米，并以降雪的形式出现。年平均风速为17～18米/秒，最大风速可达60米/秒。

由于人类的活动，地球的健康正面临着越来越严峻的考验。科学家发现，南极上空的臭氧层空洞的面积和深度都创下了历史纪录，完全修复大约需要60年的时间。海洋也由于遭受污染而出现了200个“死亡地带”。

5.资源与物种

南极洲的东南极洲、南极半岛和沿海岛屿地区还蕴藏了大量的矿物质资源，如煤、天然气和石油，以及稀有矿产如铂、铀、铁、锰、铜、镍、钴、铬、铅、锡、锌、金、铝、锑、石墨、银、金刚石等。例如，在维多利亚地区有大面积的煤田，南部有金、银和石墨矿，整个西部大陆架的石油、天然气资源均很丰富，查尔斯王子山地区发现了巨大铁矿带，乔治五世海岸蕴藏有锡、铅、锑、钼、锌、铜等，南极半岛中央部分有锰和铜矿，沿海的阿斯普兰岛有镍、钴、铬等矿，桑威奇岛和埃里伯斯火山储有硫黄。

依据南极洲存有大面积煤田的事实，科学家提出，这里曾一度位于温暖的纬度地带，因此才能有茂密森林经地质作用而形成煤田，其后来经过长途漂移，才来到现今的位置。

南极洲气候严寒，植物难以生存，只能见到一些苔藓和地衣，在海岸和岛屿附近能看到一些鸟类、海兽等，最常见的就是企鹅了。

夏天的沿海一带，企鹅常聚集于此，被称为南极洲的一大代表性景象，海兽主要有海豹、海狮和海豚等。南极大陆周围的海洋中鲸聚集成群，为世界重要的捕鲸区。因为滥捕滥杀，鲸的数量骤然下降，一些海兽尤其是海豹几乎灭绝。南极周围的海洋还盛产磷虾，估计年捕获量可达10.5亿吨，可满足人类对水产品的需求。

南极洲是个巨大的天然“冷库”，是世界上淡水的重要储藏地，拥有地球70%左右的淡水资源。

北极的地形地貌特征

提起北极，人们脑海中便浮现出一幅白雪皑皑、常年封冻的冰雪世界景象。不错，北极的最大特点就是寒冷。这是由于地球自转轴相对于绕日公转平面法线有一个23.5°的倾角，导致阳光只能倾斜地照射该地区，辐射热量很少。北极每年有一半时间是漫漫长夜，太阳刚升起就又落下。北极地区每年冬季持续达9个月，最冷月份平均气温在零下40℃，最低达零下70℃。

北极地区四周是大陆，中间是近乎封闭的海洋，平均深1225米。大部分洋面常年冰冻，其余海面分布有自东向西漂流的冰山和浮冰。北冰洋大部分岛屿遍布冰川和冰原，地球第一大岛格陵兰岛常年覆盖的冰雪平均厚度达2300米。岛上冰层堆积得很厚时会掉落海中形成冰山，这些冰山最后漂向大西洋，对船舶通航造成威胁。1912年豪华客轮“泰坦尼克”号在它首次出航时就因撞上冰山而沉没。

对于北极的地形地貌特征，我们可以从以下几个方面阐述。

1.北冰洋

虽然北冰洋洋面也被冰雪覆盖，但冰雪下却有着不断流动的海水，海水的环流就是整个海洋的生命。而在北冰洋表层环流中起主要作用的是两支海流：一支是大西洋洋流的支流——西斯匹次卑尔根海流，这是一支高盐度的暖流，它从格林兰流入北冰洋，再沿着大陆架边缘按照逆时针方向运动；另一支是从楚科奇海进来，流经北极点后又从格陵兰海流出，并注入大西洋的越极洋流（东格陵兰底层冷水流）。这两支洋流共同控制了北冰洋的海洋水温特征，如水团分布、北冰洋与外海的水交换等。此外，挪威暖流和北角暖流的作用也不可忽视。

有观测数据显示，近几年来大西洋洋流每年向北冰洋注入72000立方千米海水，北太平洋海流注入30000立方千米海水，而周边陆地的河流注入4400立方千米淡水。这样，北冰洋的洋底冷水流就必须以每年10.5万立方千米的规模，经过深2700米，宽450千米的弗拉姆海峡涌入北大西洋。这些北冰洋洋流对于北极及周边地区的气候特征及生态环境产生了巨大影响。

2.北极岛屿

北冰洋周边的陆地区包括两个部分：

一部分是欧亚大陆，另一部分是北美大陆与格陵兰岛，这两个部分被白令海峡和格陵兰海分割开，不过，从地质学角度看，这两个部分也有很多相似的地方，它们都是由非常古老的大隐性地壳组成的。而北冰洋（大洋性地壳）的年龄则年轻得多，是0.8亿年前的白垩纪末期由于板块扩张开始出现的。

3.低平海岸

北冰洋海岸线曲折，海岸类型多，有陡峭的岩岸及峡湾型海岸，有磨蚀海岸、低平海岸、三角洲及泻湖型海岸和复合型海岸。宽阔的陆架区发

育出许多浅水边缘海和海湾。

北冰洋面积约380万平方千米，岛屿众多，基本上属于陆架区的大陆岛。其中最大的岛屿是格陵兰岛，面积218万平方千米，比西欧和中欧的面积总和还要大一些，因此也有人称为格陵兰次大陆。

格陵兰岛有6万居民，其中绝大部分是格陵兰人，其余主要为丹麦人。最大的群岛是加拿大的北极群岛，总面积约160万平方千米，这一群岛由数百个岛屿组成。群岛中面积最大的是位于东北的埃尔斯米尔岛，该岛北部的城镇阿累尔特已经超过北纬82°，因此成为很多北极探险队旅程的出发地。

格陵兰岛既是地球上最大的岛屿，也是一个大部分面积（84%）被冰雪覆盖的岛屿。格陵兰岛的大陆冰川（或称冰盖）的面积达180万平方千米，其冰层平均厚度达到2300米，与南极大陆冰盖的平均厚度差不多。格陵兰岛所含有的冰雪总量为300万立方千米，占全球淡水总量的5.4%，如果格陵兰岛的冰雪全部消融，全球海平面将上升7.5米。而如果南极的冰雪全部消融，全球海平面就会上升66米。

与南极一样，北极地区的陆地与岛屿上的冰盖，看上去辽远而宁静，似乎代表着某种永恒的静止。但是实际上，由于冰雪自身的重量，陆地冰盖不断地向海岸方向移动，这种移动深沉缓慢又无可阻挡。格陵兰岛内陆冰盖的年平均移动速度是几米，而在沿海则可达100～200米。至于那些巨大的冰川，运动速度就更快了。但是，与南极的情况一样，到目前为止，科学家们还不能肯定地回答，格陵兰岛的大陆冰盖究竟是在缓慢增长，还是在渐渐消亡。

为什么美丽的极光只出现在地球两极

小朋友们，现在我们摊开地图或者转动地球仪，可以发现在中国最靠北边，也就是中国地图上最靠上面的那个城市叫漠河市，在这里，到了晚上你偶尔会看到天空发出非常奇异的光，这种光有时是绿色的，有时是红色的，有的时候还会是紫色或者蓝色的。这种光变化奇妙，用语言难以描述，这就是极光。

在中国，能看到极光的地方只有北漠河，因为漠河是我国最靠近北极的地方，而极光也只出现在地球的南极和北极区域，对于很多爱好大自然风光的人们来说，去漠河观看极光是他们都想实现的愿望。

极光是神奇的、震撼的，至于极光出现的原因，从古至今，人们从各个领域给出了解释。

很早以前，那些生活在北极的人就用了一种非常有想象力的方法来解释极光。一些人说极光是天空起火了，而这火是一只神奇的狐狸穿过北极森林时引起的。狐狸的尾巴扫过雪地，会留下一道火花，火花直冲云霄，把天空点燃了，所以产生了这种神奇的光。

很明显，这种解释在科学上根本站不住脚，那么，极光到底是什么呢？极光为什么只出现在南极和北极呢？

极光是一种发光现象，它出现时天空绚丽无比，这无疑是给寒冷且贫

瘠的极地增添了更为神秘的色彩，在自然界中，恐怕没有哪种现象能够与之媲美。即使是最资深的语言学家和艺术家，也无法用语言或艺术形式展现出极光的变幻莫测，可是，在观赏了绚丽的极光之后，我们难免会有这样的疑问：为什么极光只出现在地球两极？

地球上的其他地方有没有可能出现极光呢？要回答这个问题，我们首先就要弄清楚极光到底是怎样产生的。

实际上，极光是由太阳和大气层通过完美合作表演出来的精彩作品，是由高空稀薄大气层中的带电粒子形成的。

具体来说，在太阳创造的诸如光和热等形式的能量中，有一种能量被称为“太阳风”。太阳风是从太阳上层大气射出的超声速等离子体带电粒子流。它在地球上方环绕着地球流动，以大约每秒400千米的速度撞击地球。可是当太阳微粒接近地球的时候，会受到强烈的地球磁场的影响。地球磁场就像是一个巨大的漏斗，尖端对着地球的南北两个磁极，因此太阳

发出的带电粒子会在地球磁场的作用下，将弯成弧形的磁力沿着地磁场这个“漏斗”沉降。太阳微粒围绕着这些无形的磁力线进行螺旋式的运动，最后慢慢地进入了地球的南极和北极。

这时，两极的高层大气受到太阳风的轰击，便会发出耀眼的光芒，形成极光。所以，极光的形成必须同时满足大气、磁场和高能带电粒子三个条件，缺一不可。因此，极光只能出现在星球高磁纬度地区的上空，对于地球来说就是南北两极。其中，出现在南极的极光被称为“南极光”，出现在北极的极光被称为“北极光”。我国地处北半球，由于观测位置所限，只能见到北极光。另外，极光不只在地球上出现，太阳系中其他具有磁场的行星上也有极光现象。

南极北极之间的巨大差异

提到南极和北极，我们都知道，它们是地球的两端，也都是被冰雪覆盖的严寒之地，那么，除此之外，它们有什么差异呢？

很明显，最直接的不同就是它们地理位置和地形地貌的不同。

南极是一个被大洋环绕的大陆，它位于地球的最南端；北极却是一个被大陆围绕的海洋盆地，它位于地球的最北端。虽然南北极都很寒冷，但是从气候上来说，南极的气候比北极恶劣得多，南极被称为“世界冷极”“世界风极”和“世界旱极”，这样的极端称号北极可没有，尤其是气温上，南极的年平均气温为零下50℃，而北极的年平均气温则要高得多，为零下18℃。同处地球两端，为什么南极的气温比北极低这么多呢？

第一，南极的表面被厚厚的冰层覆盖，使之成为世界上的第一大“冷源”，它终日散发着寒气，迅速冷却着空气。

第二，白色的南极冰盖像一个巨大的反光镜，导致本身接收到的太阳辐射又重新被反射到大气中，北极则不会，也就不会散失如此巨大的辐射能。

第三，南极大陆被南大洋围绕，而南大洋的绝大部分面积是被冰封的，而且大部分常年不融化，这样就大大阻碍了海水与空气之间的交换，使南极四周的海面始终保持着较低的温度。

第四，南极是大陆，周围环绕的是海洋；北极是海洋，周围环绕的是陆地。这个根本的区别导致了它们气温的巨大差异，因为陆地吸收热量的能力更强，同时散热也更快，所以，南极大陆的储热能力很差。而北极是海洋，海水的储热能力远远超过了大陆。所以，这个地形上的差异导致了南极比北极寒冷得多。

第五，南极是世界的风极，那里连绵不断的大风也能导致极度的寒冷。

第六，还有一个很重要的原因，在南纬40°～南纬60°有很强的西风环流，使南极地区的周围形成了一个极其特殊的风的“屏壁”，从而大大地阻碍了热带地区的暖气流进入南极洲，同时它的海流也环极绕行，不受大陆所阻。然而北冰洋不同，它的风和海流都被限制在一个内洋盆中。北冰洋虽然是一个大陆包围的海洋，但格陵兰岛东面的格陵兰海和挪威海形成了大陆包围里的一个大豁口，它成了大西洋进入北冰洋的一个主要通道。这种地形，尤其是在冬季，有效地促进了暖空气从大西洋向北运动。可见地形决定了它们各自的气流和洋流，而正是这种流的不同，又加强了两极地区气候的差别。

除了温度差异外，南北两极之间还有以下差别。

地形：南极为大海包围的陆地，总面积约1400万平方千米，其中约1372万平方千米被大陆冰盖覆盖，约占总面积的98%，而且这些冰盖的平均厚度可达近2000米，终年不化。北极地区则是陆地包围海洋，北冰洋主要被欧亚、北美大陆所包围，面积约1310万平方千米，其中冰面积约为850万平方千米，仅为南极冰面积的60%左右，而且，北极地区的冰雪在夏季可以大量融化，导致夏季冰面积减小。

海拔：南极平均海拔高度为2350米，其中超过3000米的地方约占南极

大陆面积的25%，大陆最高处约5140米，是世界上平均海拔最高的大洲。北极近三分之二的面积是海洋，平均海拔仅与海平面相当。海拔越高，气温就会越低，因此南极比北极的气温更低。

南极境内没有一个国家，也不属于任何一个国家。有些国家出于占有欲望，曾对南极做了扇形“领土”分割，对外宣称它属于自已，但并没有得到国际社会的普遍承认。北极却非如此，挪威、丹麦、加拿大、美国、俄罗斯、芬兰、冰岛、瑞典8个国家的领土深入其境内。

南极代表性动物是企鹅，北极代表性动物是北极熊。据说北极早年也曾生存一种企鹅，但后来灭绝了。

南极圈内没有常驻从事生产与生活的人类，有些考察站虽然有人坚持常年考察，但要轮换。北极不但有常驻人口，还有多个城市，如挪威的特罗姆瑟城。

南极圈内冰山高大，北极冰山相对矮小。南极的冰山总面积高达5538平方千米，相当于9个新加坡的国土面积。南极的总冰量也高于北极。

南极没有任何国家的军事力量存在，如军事基地和武装人员。北极海下不但有潜艇游弋，一些岛上还设有军事基地。

南极圈内没有草，更没有树木，仅仅生有苔鲜类低等植物。北极圈内则不然，有些地方不但有草原、有鲜花，还有茂密的森林。如地处北纬78°的朗伊尔宾就生有齐膝高的丛丛茂草。

南极圈内没有一所学校。北极圈内不但有学校还有幼儿园，如在北纬78°的斯瓦尔巴德群岛上就有幼儿园。

南极矿藏丰富，但国际社会达成一致，出于保护南极环境的需要，暂不开采。北极的煤炭、石油矿藏均有所开采，有的开采历史已达百年。

由于南极有大洋阻隔，它作为“孤岛”存在着，人们难以到达，污染较轻。北极因为交通方便，人口众多，污染比较严重。在北极一些地区，不但可见工厂烟气排往天空，苔原带留下汽车的辙印，几十年前开矿留下的废弃铁轨、枕木也仍历历在目。

冰雪高原——南极

地球的南极和北极都是极严寒的地方，但是南极洲大陆的气温比北极还要低20℃左右。历年的记录显示，南极大陆的年平均气温为零下25℃。其中南极洲内陆地区的年平均温度则为零下40℃～零下50℃；东南极高原地区最为寒冷，年平均气温低至零下57℃。

那么，地球上最冷的地方在哪里?

1983年，苏联学者在南极东方站记录到零下89.2℃的低温，是世界记录到的最低自然温度。这个温度能给我们最直观的感受是，普通的钢铁在这个温度下，与一块玻璃没什么区别；在这种气温条件下，向空中洒一盆水，顷刻间就会变成冰晶。

南极洲是个气候条件极端恶劣的地方，不仅是地球上最冷的地方，同时也是风力最大的地区。在这里平均每年有300天都在刮8级以上的大风，年平均风速17.8米/秒。1972年澳大利亚莫森站观测到的最大风速为82米/秒。

南极洲的风能够很快带走人体内的水分和热量，能够让人快速失去生命体征。1960年10月10日下午，在昭和站进行科学考察的福岛博士，走出基地食堂去喂狗，突遇每秒35米的暴风雪，从此再也没有回来，直到1967

年2月9日人们才发现他保存完好的尸体。

这样寒冷的地方，除了科考人员之外，有没有其他生物存活呢（当然这里说的不是南极洲的边缘地区）？很多年前，人们一直认为在这样寒冷的气候下，不可能有生物存活。但现在的科研发现，打破了这种说法。

南极洲的超盐深湖中存活着一些独特的嗜盐生物。这里的气温在零下20℃左右，为了生存，一些微生物进化出了一些与众不同的特征，包括专门适应这种环境的细胞膜和蛋白质结构，它们的细胞中也含有防冻分子。

最有趣的是，美国科学家在距离南极点大约600千米的一处冰封湖面下，发现了令人惊讶的古老生命迹象—— 一种微小的甲壳类动物与缓步类动物（俗称水熊虫）的遗骸。虽然还不太清楚湖面下是否还有这种生物的活体，但就这一发现已经很让人震惊了。

当科学家在显微镜下观察湖泊的淤泥时，科学家们还看见了光合藻类的残骸。还在透明的硅藻碎片中发现了一个不寻常的东西：一种虾状甲壳类动物的壳。它的腿还连着，甲壳上有斑点，颜色也发生了变化。科学家很快又发现了甲壳类动物的另一块碎片，这块甲壳呈健康的琥珀色，仍然覆盖着细嫩的毛发。

所以，即使在地球上最冷的地方，也是有生物能够存活的。

极地冰山的形态

在极地的海洋上，漂浮着许多十分壮观的冰山，这些冰山在阳光、碧水映照下绚烂夺目，犹如汉白玉雕成的玉山。

那么，这些冰山是怎么形成的呢?

在地球两极和一些高山地区，冬季漫长，气候寒冷，那里终年不化的冰雪，好像是地球的一件白色“外衣”。这“外衣”仅据目前统计的数字，就有1600万平方千米。那里就是冰川的诞生地。

冰雪多半积存在低洼地带，在短促的夏季里还来不及融化，逐渐结成了一层冰壳。接着，在冰壳上又落了雪，日积月累，疏松的雪花先变成了冰颗粒，后来又发展成冰层。每年一层，越积越厚，形成了厚厚的坚实冰层。当冰层堆积得很厚时，便产生了巨大的压力，迫使冰雪顺着斜坡从洼地向下滑，汇合成了冰川。

有趣的是，冰川虽然能像液体一样流动，却不会被压裂，能始终保持固体状态，有点像白蜡、火漆或一些软金属类的物质。冰川的流动速度很缓慢，一般每昼夜在1米以下，个别的冰川每昼夜最快能流动二十多米。但它们有一条总规律：冰层越厚、坡度越大、高温越高，冰川的流动速度就越快。

冰川主要有高山冰川和大陆冰川两种类型，在两极地区的冰川都是大陆冰川，因为整个大陆被埋藏在上千米厚的冰层下面。南极的冰川面积比北极大，据估计，冰川的总体积有2000万立方千米。这类冰川的特点是坡度不大，只在边缘处向外倾斜，长长的冰舌伸入海中，有时竟能成为冰半岛。浮在海洋上的巨大冰块常来“拜访”冰舌，有时会把“舌尖”撞断，在轰隆隆的碎裂声中，一座新冰山就出世了。冰山的形状主要有桌形和角锥形两种，能保持2～10年的寿命，一直在海上过漂浮生涯。

在北冰洋，冰山最高能达到数十米，长可达一二百米，且呈现出多种多样的形状。南极冰山与北冰洋相比，形状不同，它们呈现出平板状，且数量众多、体积巨大。

冰山的冰平均有5000年的年龄，并且并未受到过工业污染，在高纬度地区，冰山能维持10年之久，但如果漂向广海则一两年内就会没有了踪迹。冰山运动的主要动力是风，其次是洋流，冰山在风的影响下，最高速度可达每天44千米，这主要取决于冰山高出水面部分的形状。冰山可以将陆地上的某些物体甚至动植物活体从其来源地区搬运到数千千米以外，科学家们根据大洋内的沉积物，就可推断万年以前冰川的分布情况。在极地探险家眼里，冰山是他们最怕看到的“敌人”，如果遇到冰山，就不得不停止航行，否则极容易造成碰撞事故。

冰山是一块大若山川的冰，脱离了冰川或冰架，在海洋里自由漂流。因为冰山多为密度较低的纯水，而海水密度相对较高，导致冰山约有90%的体积沉在海面下，看着浮在水面上的形状但猜不出水下的形状。这也是为何用“冰山一角”来形容严重的问题只显露出表面的一小部分。冰山非常结实，很容易损坏金属板，因此是海洋运输中的极端危险因素。冰山撞

击事件数不胜数，其中最著名的就是泰坦尼克号被冰山撞沉，长眠于大西洋。

南极的气候特征

南极，被人们称为第七大陆，是地球上最后一个被发现，唯一没有人类定居的大陆。南极大陆的总面积为1405.1万平方千米，居世界各洲第五位。整个南极大陆被一个巨大的冰盖所覆盖，平均海拔为2350米，是世界上最高的大陆。南极洲蕴藏的矿物有220余种。

一提到南极，人们便会想到寒冷，南极大部分地区的年平均气温在零下25℃以下。南极洲的气候通常较同纬度的北极地区更冷，是世界最冷的地区。而海边不像较高的内陆地区那么冷。在国际地球物理年期间，科学家在海岸地区测得的最冷月平均温度是零下18℃，而在南极点同月的平均温度是零下62℃。1983年7月31日，苏联学者在东方站记录到零下89.2℃的低温，是世界记录到的最低自然温度。

南极之所以具有如此低的温度，基本上可概括出三个原因。

一是投射到极地地区的太阳辐射远远少于世界上的其他区域。这是一个最主要也是最简单的原因。因为地面和太阳之间的位置关系决定了太阳和极地表面之间的低角度。平均而言，极地地区所得到的太阳辐射比赤道地区少40%。

二是能量输出损耗多。我们知道，白色本身就比黑色或其他暗色吸收太阳辐射的能力差。再加上光滑的冰雪表面宛如一面亮泽的大镜子，将本

来就少的能量输入几乎毫无保留地反射回去，使温度降得更低了。

三是极地上空，空气有极高的明晰度。由于受到的人为污染很少，所以灰尘和水蒸气就较少。就水蒸气来说，冷空气中拥有比温带地区大约低10倍的湿度；同时灰尘很少，使空气中明显地缺乏固体颗粒。我们都知道，空气中的水蒸气和灰尘等物质，就像该地区上空覆盖的一层“厚棉被”，它能有效地阻碍从地面反射出去的长波辐射，从而使该地区的空气被加热。然而极地地区空气的这种清晰度，也就意味着掀去了这床“厚棉被”，从而使地表反射的长波辐射很快就消散在大气中，加热空气也就不再成为可能。

那么，除了寒冷，南极还有哪些气候特征呢？

1.干旱

南极大陆是地球上最干燥的大陆，有“白色沙漠”之称。年平均降水量仅有30～50毫米，越往大陆内部，降水量越少，南极点附近只有3毫米。降水量较多的地方是沿海地区，年平均降水量为200～500毫米，而南设得兰群岛地区降水量则相对较多。南极洲的降水几乎都是雪。

2.烈风

南极常年刮大风，最大风速可达每秒百米，比每秒33米的12级大风还高出近3倍。烈风能轻而易举地把200千克的大油桶抛到几千米以外，掀翻停机场上的飞机更是轻而易举。大风在南极沿海地带极其普遍，如德尼森岬一年中有340天刮风暴，因此，南极成了名符其实的“风暴王国”。

南极洲的风力，因地而异。一般而言，海岸附近的风势最强，平均风速为17～18米/秒。东南极洲的恩德比地沿海到阿德利地沿岸一带的风力最强，风速可达40～50米/秒。据澳大利亚莫森站20年的统计资料，每年八级以上大风日就有300天，1972年，莫森站观测到的最大风速为 82米/秒。法国的迪维尔站曾观测到风速达100米/秒的飓风，其风力相当于12级台风的3倍，是迄今为止世界上记录到的最大风速。

为什么南极会刮那么大的风呢？我们知道，南极是个冰雪覆盖的高原大陆，四周被大洋环绕，常年受极地高压控制，陆地气温比四周海洋低得多，尤其在冬季，陆上气压与海洋气压的差值也随之加大。风速的快慢与气压差值的大小密切相关，气压差值越大，风速越快。南极烈风在到达南极高原边缘的陡坡地带时，随地势迅速下降而迅猛下泻，这样就形成了南极大陆沿岸特有的风暴。

对于南极而言，影响气候的因素有以下四个方面。

首先，从纬度位置看，南极纬度位置高，正午太阳高度角小，太阳辐射经过的路线长，大气对其削弱作用强，地面得到的太阳辐射少，因此气候严寒，降水以降雪为主，日积月累，形成了今日的冰雪大陆。

其次，从海拔高度看，南极海拔高，空气稀薄，加上空气中水汽含量少，大气的保温效果差，气温低。

再次，从地表状况看，南极洲被巨厚冰层覆盖，冰雪一方面可以反射掉大部分太阳辐射，同时使地势增高，进一步使气温降低。

最后，从气压状况看，南极大陆被极地高压控制，气流下沉增温，降水稀少；地表相对平坦，因此风速较大。

北极的气候特点

与南极相对应的就是北极，那么，北极有什么气候特点呢？

北冰洋的夏季是7、8两个月，而冬季则是从第一年的11月开始到次年的4月，长达6个月之久，剩下的则为春秋两季。1月的平均气温介于零下20℃～零下40℃。而即便是温度最高的8月，平均气温也才零下3℃。科学家曾在北冰洋极点附近漂流站上测到的最低气温是零下59℃。但实际上，北极地区最冷的地方并不在北冰洋中央，这是因为受到北极气旋和洋流的影响。西伯利亚维尔霍扬斯克曾记录到了零下70℃的低温，在阿拉斯加的育空河地区也曾记录到零下63℃的气温。

在北极，越是接近极点，就越是寒冷，在极地，一年的时光只有一天一夜。即使在夏天，也只能在北极的地平线上看到微弱的太阳光，即使太阳已经升起，太阳与地面夹角也不会超过23.5°，它并不能带给极地阳光与温暖，它只是在缓慢运动着，并且，几个月之后，它会慢慢运动回地平线附近，于是，北极就逐渐进入了漫长的黄昏季节。

很多爱好摄影的人都对这片白茫茫的区域内的日出日落很感兴趣，为了拍到这一壮丽的景观，他们会早早来到这里，然后在此等上很多天，虽然这一画面只有几秒钟，但是在他们看来弥足珍贵，因此也就值得。在这里，无论是黑夜还是白昼，都能持续一两个月。而此处的秋季就是一个黄昏，随后就是漫漫长夜，极夜是寒冷又寂寞的，漆黑的夜晚可持续五六个月。直到来年三四月份，地平线上才又渐渐露出微光，太阳慢慢地沿着近乎水平的轨迹爬出，这标志着极地新的一年又开始了。

无论是南极还是北极都有风，而它们的平均风速是不同的，北极地区的平均风速远不及南极，即使在冬季，北冰洋沿岸的风速也只有10米／秒。而北欧海域因为受到北角暖流的控制，全年水面温度都有2～12℃，北纬69° 附近的摩尔曼斯克也是著名的不冻港，在那个地区，即使在冬季，也很少能见到15米／秒以上的疾风。但由于格陵兰岛、北美及欧亚大陆北部冬季的冷高压，北冰洋海域时常会出现猛烈的暴风雪。

北极地区的降水量普遍比南极内陆高得多，一般年降水量为100～250毫米，格陵兰海域则达到每年500毫米。

北极的冬天是漫长、寒冷又寂寞的，它从第一年的11月开始到次年的4月，足足有半年之久，这半年间都没有太阳带来的光明，气温也很低，可达到零下50多度，此时，因为海岸线也被冰雪覆盖，所以看不到海浪与潮汐。

4月之后，北极的气温才慢慢回升，巨大的冰块开始融化，因为冰块巨大，冰块与冰块之间碰撞会发出巨大的声响，天空在太阳的照射下，也开始变得明亮起来，北极开始焕发出新的生命力。

到了五六月份，动植物们都开始活跃起来，尤其是动物，开始进入求偶繁殖的季节，并且，它们也开始为接下来的入冬准备大量的食物。

北极的秋季非常短暂，在9月初，第一场暴风雪就会降临。北极很快又回到寒冷、黑暗的冬季。

然而，近些年，北极的气候出现了一些变化，随着全球范围内气温的

升高，夏季北极冰川退缩得更加严重。美国航空航天局的数据显示：过去40年里，北极夏季海冰面积减少了近一半，只剩下约350万平方千米。研究北极气象的科学家也曾预测，也许到了2040年的夏天，位于北冰洋上的冰层就会全部消失，在这之前，人们预测的这一时间点还要推后60年，如果北极没有了冰，很难想象人类会承受什么。事实上，如今的北极，比我们的首都北京还暖和，高纬度地区的苔原提前变绿，虫卵早熟，迁徙的鸟类也无法觅食，极地动物正在面临生存危机。

第02章
丰富有趣的极地知识

说到极地，人们首先想到的是杳无人烟和冰天雪地，然而，孩子们可能不知道，在北极，生活着原住民因纽特人，他们确实会吃生肉，北极还曾出现过恐龙，人们使用雪橇犬运输和出行，但针对南极环境问题，却颁发了禁狗令……这些都是关于极地的有趣知识，接下来，我们就针对这些知识点展开阐述。

北极的原住民——因纽特人

北极有人类居住吗？也许你会认为，在冰天雪地的北极，不可能会有人类生存。但答案其实是肯定的，他们就是因纽特人，也就是人们常说的爱斯基摩人。因纽特人分布在从西伯利亚、阿拉斯加到格陵兰的北极圈内外，分别居住在格陵兰、美国、加拿大和俄罗斯。因纽特人居住得十分分散，西伯利亚和楚科奇半岛北端，只有几千人。在加拿大，他们主要生活在努纳武特地区，人口约3万人。

因纽特人不喜欢人们称他们为“爱斯基摩人”，因为这种说法来自他们的敌人，印第安阿尔衮琴部落的语言，意思是“吃生肉的人”，而“因纽特”是他们的自称，意思是“人类”。

其实，生活在北极附近的因纽特人是地地道道的黄种人。

几千年前，人类最后的一支迁徙大军从亚洲出发跨过白令海峡向美洲腹地进发。他们哪里料到前方等待他们的是美洲印第安人的围追堵截。因纽特人且战且退，最后终于退至北极圈内。时值寒冬，印第安人以为因纽特人不久就会被冻死，便停止了追杀。谁料因纽特人在北极生存了下来，他们创造了人类生存的奇迹。

尽管来自亚洲，但由于长期生活在极地环境中，因纽特人同亚洲的黄种人已经有所不同。他们身材矮小粗壮，眼睛细长，鼻子宽大，鼻尖向下弯曲，脸盘较宽，皮下脂肪很厚。粗矮的身材可以抵御寒冷，而细小的眼睛可以防止极地冰雪反射的强光对眼睛的刺激。这样的身体特征使他们有令人惊叹的抵御严寒的本领。因纽特人耐寒抗冷的另一重要原因是日常所食的都是些高蛋白、高热量的食品。

他们选择在海岸边定居下来，主要依靠捕食海生哺乳动物维生，如海象、独角鲸等，也会捕食陆地哺乳动物，如鸭子、加拿大驯鹿、白熊、麝牛、极地狐和北极象等。

因纽特人捕猎的方法有很多种，他们的传统工具是鱼叉，到了现在，步枪逐渐将其取代。因纽特人也从事渔业，主要捕食海鱼，一些地方化的种族也捕捉淡水鱼。

捕鱼活动有时是在大浮冰上，更多时候在浮冰下进行，不同的种族用不同的捕鱼工具，有钓鱼钩、渔网、捕鱼篓、鱼叉等。北极地区的夏天是短暂的，所以因纽特人的活动是紧凑且繁多的，他们还会从事采摘业，他们以肉食为主，在这种生活环境中，他们主要依靠捕食海豹和加拿大驯鹿生存，而那些动物的皮毛为因纽特人提供了抵御严寒的衣服。

至于居住形式，传统的是雪砖垒成的圆屋顶房屋——雪屋。然而，因纽特人有各种居住形式，这要随季节而变化：夏天，因纽特人住在兽皮搭成的帐篷里；冬天则住在雪屋、石头屋或泥土块屋子里。

游牧生活也影响着迁移形式，人们发明了狗拉雪橇的运输和出行方式，这一方式在印第安人中也十分流行，除此之外，人们还发明了独木舟和海豹皮小艇，通常来说，海豹皮小艇会由一个人来掌控和操作，可以用两只短桨划动，船体比较窄，这样，无论是冰上还是无冰的海上，都十分灵活方便，给人们的生活带来了极大的便利。

在新魁北克海湾，海豹皮小艇十分受人欢迎，然而，随着时间的推移，在因纽特人和印第安人中，游牧生活方式已经消失，雪橇被雪地摩托代替，雪屋也被营房代替。

因纽特人因为长期生存在极端恶劣的环境中，他们天生有着与大自然搏斗的能力，他们能追捕海洋巨兽，如鲸鱼。在我们看来，鲸鱼是十分凶猛的动物，但是它们是因纽特人的盘中餐，不过，现在鲸鱼的数量在大幅下降，各国的捕鲸活动受到国际捕鲸委员会（IWC）的严格限制，每年因纽特人只有一定的捕鲸限额，如果不是生存必须则不准捕获。

因纽特人使用一种木架皮舟捕猎鲸鱼，这种舟只能载一个人，样式和现代奥运会使用的单人皮划艇相似，事实上后者就是根据前者改进而成的。这种小艇机动灵活，最大的优点是只要桨在，随时可以把翻了的船正过来继续参加战斗。

关于鲸鱼，因纽特人结合《圣经》嫁接了一个故事：上帝为惩罚人类的罪恶而降下洪水，因纽特人没有躲进诺亚方舟里，而是驾着自己的皮舟随水漂流。在他们就要饿死的时候，来了一头弓头鲸自愿献身为他们提供食物，因纽特人因此闯过难关并得以登岸，自此以后，每年春天弓头鲸都会来到北极为因纽特人提供食物。这个故事在因纽特人中流传甚广，因此他们对鲸充满了感激之情。正因为如此，因纽特人为每一头被猎的鲸举行仪式、祈祷，为它们的灵魂祝福。

另外，因纽特人吃生肉，而且他们更喜欢保存了一段时间、稍腐化的肉，因纽特传统观点认为将肉做熟是对食物的糟蹋。其实这也是对北极寒冷气候的一种适应，在外打猎的人是没有条件随处生火的。而因纽特人的传统食谱全是肉类。

在严酷的自然环境下，养育后代的条件也非常恶劣，为了提高婴儿的成活率，因纽特人很早就依靠集体力量养育后代，久而久之，他们形成了共同观点——认为孩子是大家的。因此，不管你喜欢哪家的孩子，只要你真心想领养，主家很可能就会同意你把他的孩子带走。如果他想养孩子，就到别的家去看，喜欢哪个就领回家来。所以，因纽特人的孩子往往要在很多家周转中长大。

因纽特人的雪屋

孩子们，相信你一定知道，在我国的北方取暖靠暖气，在南方有空调，那么生活在北极的因纽特人又是怎么取暖的呢？他们住在雪屋里面，睡在冰块上面，不冷吗？

说到因纽特人，浮现在大家脑海中的很可能是几个人穿着兽皮，须发挂着冰碴，站在冰天雪地里的画面。其实，并不是所有的因纽特人都住在雪屋里，只有在冬天的时候有些因纽特人才住雪屋，还有些会住泥屋或者石头屋，夏天他们则会住在兽皮帐篷里。

那么，雪屋到底是怎样的一种建筑呢？

雪屋是生活在北极地区的因纽特人的独特建筑，是用各种规格的雪砖垒砌而成的。雪屋里一般储藏有相当数量的日常食物，如面粉、茶叶、麋鹿肉、海兽肉之类。在雪屋最深处，有一块用雪筑成的高台，这就是因纽特人的卧榻了。他们休息、吃饭都在这个用雪做的床台上，但是谁也不会被冻坏。由于这种独特的建筑和生活方式，北极的雪屋已经成为著名的旅游景点。

半球形的雪屋从外表看很像一口大锅扣在地上，或者像一个小小的蒙古包。最大的雪屋地面直径有七八米，小的则只有两三米。一间雪屋的平均寿命在五十天，因此，因纽特人每年盖新房和搬家的次数均为世界之最。

加拿大北部有一个仿因纽特人生活的小村庄，专供游人参观或来此亲身体验雪屋生活。这里的许多工作人员都是因纽特人，他们仍按照自己的风俗习惯，住雪屋、吃麋鹿肉和海豹肉，为游人盖雪屋是他们的拿手本领。

盖雪屋一般都是就地取材，“建筑材料”全部是雪，建筑工具只有一把薄薄的大铲刀，其单一性又创造了两项世界之最。一位身材矮小的因纽特人手持一把铲刀，在一个大雪堆上“嚓嚓嚓”几下子就切出一块约1米长、0.5米宽、20厘米厚的大雪砖，他用了约半小时就切出二十多块大小相同的雪砖。雪砖压得很实，雪的密度很高，很像一块大压缩饼干。备好了料，他清理出一块直径约四五米的圆形空地，接着就开始盖雪屋。雪砖立在地上围起一圈儿就算是地基，再一层层地将雪砖垒砌起来，每砌一层雪砖都要向里倾斜，一层层往里收，封顶后形成一个半球形的雪屋，最后用铲刀挖出一个门洞，再分别在雪屋里外用雪将砖缝勾抹上，一间双人雪屋就完成了。

雪屋盖好后，因纽特人还会让小孩子爬到雪屋顶上又蹦又跳，以示雪屋的结实牢靠。为了保暖和安全，雪屋的门洞开得很小，身材小的人也要弯着腰才能进去，身材高大的人恐怕要爬进去了。有些雪屋根本没有门，而是在盖好雪屋后从地上挖掘一条通道作为门，这样室内就更暖和了。

雪屋是造好了，我们更关心的是，里面住着暖和吗?

前面说到了，之所以选用雪而不是冰作为建造雪屋的原料，是因为雪的导热性不好，这也提示我们，雪屋起的作用其实是保温，而不是加热。

那么雪屋是怎么保温的呢?

要解答这个问题，我们首先要认识到热量的传递方式主要有三种：热传导、热对流、热辐射。雪屋里面是如何保温的，也可以从这三个角度来分析。

首先，需要说明的是，即使在雪屋里，也要多穿衣服，从热传导的角度说，只靠空气的保温性是远远不能让人体保持体温的。除此之外，因纽特人还会在雪屋的墙壁上挂上动物的皮毛，这对于保温也很有帮助。

下面需要着重说一下热对流。雪屋里面有一个更高的平台，这是因纽特人室内生活和睡觉的地方，你可能会好奇，为什么睡觉的地方更高？我们知道，热空气比较轻，会往上走，冷空气比较重，会往下沉，这在雪屋里面更加明显。冷空气聚集在雪屋底部，尤其是门口处，而人体的温度和油灯加热的空气会往上飘，所以为了保暖，生活睡觉的地方要靠近雪屋的顶部。

另外，雪是白色的，能起到反射热辐射的作用，这样也能起到一定的保温作用。

正因为这些原因，就算在零下50℃的北极，雪屋里面也可以维持0℃左右的气温，虽然还是有点冷，但比户外的酷寒来说已经好多了。

因纽特人不仅住雪屋，还使用雪家具，床和桌子都是用雪堆砌起来的，上面铺着海豹皮，家里没有什么东西，因纽特人无论做饭、照明还是取暖都用海豹油做燃料。

雪橇犬的种类与作用

在冰天雪地的极地环境下，人们出行麻烦，运输物资也费力，在机械运输出现之前，雪橇是唯一可行的运输方式，因此也就产生了雪橇犬。其中阿拉斯加雪橇犬来自因纽特人的一个叫马拉谬特的部落，在极端恶劣的环境下，人们用狗拉雪橇来运送货物。

在最初的时候，人们使用人力从很近的地方把食物拖到自己的村子，但人力终究是有限的。于是在接下来的时间里，人们发明了雪橇，用狗拉雪橇可以一次性把更多的物品运到村子里。

使用机动车辆运输，在极地地区出现的时间比世界上其他地方晚得多，狗和雪橇仍然很受欢迎，因为它们在恶劣的天气中更可靠，而且它们是更好的伙伴。

生活中较为常见的雪橇犬有三种：哈士奇（西伯利亚）雪橇犬、阿拉斯加雪橇犬、萨摩耶。

1.哈士奇雪橇犬

在中大型犬种中，哈士奇是个性格活泼、固执且性格独立的品种，近几年来，哈士奇也逐渐被人类作为宠物饲养，饲主们也“领教”了它们的性格特点。

哈士奇的血统来自西伯利亚狼，是目前的犬种中基因跟狼最接近的狗。哈士奇虽然是工作犬，对人类没有攻击性，但对哈士奇以外的狗具备攻击性。

哈士奇在撕咬时与狼一样厉害，而且只咬喉咙。它们单独出行的时候，会刻意避开那些有攻击性的狗，不过如果还是被攻击，它们也是不会退让的。哈士奇一般不主动攻击，这点和狼一样，但要是攻击就是致命的。由于哈士奇体形小巧结实，胃口小，无体臭且耐寒，非常适应极地的气候环境，因而成为楚科奇人的重要财产。

2.阿拉斯加雪橇犬

18世纪初，在阿拉斯加成为美国领土的一部分之前，一些俄国水兵在白令海峡航行时被风暴吹到了这里。他们惊讶地发现在零下70℃的严寒里，还生活着一群原住民和会拉雪橇的狗。最终，俄国水兵受到了原住民的救助，并于次年返回了俄国。在水兵们回国之后，也把雪橇犬的故事带给了全世界的人们。

3.萨摩耶

萨摩耶犬，又称“微笑犬”，因为它们有着“天使的微笑”，原本是一种工作犬，在一些图画中经常能看到它们天使般的面庞。它们聪明、活泼、温顺且高贵，它们有着非常厚的皮毛，所以能在极为寒冷的天气下工作，并且雄性萨摩耶比雌性萨摩耶的毛发更浓厚一点，更能抵御严寒。它们的后背短而有力，这能保证它们胜任日常工作，但与此同时，太紧凑的身体对一种拖曳犬来说也非常不利。

以上三种雪橇犬都是大型犬，属跑走动物，是很亲近人的犬类，另外，所有雪橇犬小时候性格都很淘气，需要一定的活动空间以及充足的户外活动时间。因为皮毛的缘故，雪橇犬怕热不怕冷，如果人工饲养这些犬种，夏天应该避免正午时分出门，以免狗中暑。

不过，“国际南极条约组织”出于保护南极环境考虑，1991年在西班牙马德里发布南极禁狗令：“狗不宜再引进南极大陆和冰架，南极区域所有的狗都要在1994年4月前离开。”遵照禁令，当时各国南极考察队员都依依不舍地送走犬只，向带来欢乐和情感慰藉的爱犬们说再见，送它们离开南极。所有的犬只于1994年初就全部撤离南极地区。此后驻扎在南极的各国考察研究队伍就没有了任何的犬只陪伴。

在极地人类的生存史上，狗拉雪橇替代人力，在极地发挥了重要的作用。但是随着人类社会机械化水平大幅提高，狗的作用大大降低，只剩下当人类宠物的功能了。

北极曾经也有过恐龙

北极圈是地球上五大纬度圈中最北的一个。一直以来，北极都是一片神秘的区域。近年来，科技的进步使科学家和研究人员能够在这片冰冷神秘的荒野中解开新的谜团。

遗传学家正在利用基因组研究解开DNA谜团，古生物学家正在挖掘曾经难以接近的恐龙骨骼，甚至全球普通民众也在利用卫星图像，改变人类对北极圈内生命起源的理解。

2014年，加拿大媒体报道称，在加拿大北极高地的阿克塞尔海堡岛上发现了一具恐龙化石，这是有史以来最北端的恐龙化石发现地点。经过研究发现，这一化石是鸭嘴龙，它的发现点距离人类居住地只有约500千米。位于阿尔塔大草原的库里恐龙博物馆负责人解释说，这一发现有助于揭示恐龙曾经游荡的真实范围。

鸭嘴龙是一种植食性动物，主要以草为食物，它有着和鸭子一样的嘴，头顶上有头冠，体长约8米。

在此之前，科学家们从未在加拿大北极地区发现过恐龙化石，因为该地被冰雪冻住，无论是挖掘难度还是海上运输化石难度都很大，不过科学家们相信，在该地还有很多有待挖掘的恐龙化石。

无独有偶，最新一项研究称，在北极地区，科学家们还发现了一些恐

龙幼崽的化石。科学家称，这些恐龙幼崽的化石应该被埋葬于7000万年前，这些恐龙生活在平均温度只有6℃的阿拉斯加，由此能证明，这些恐龙的抗寒能力极佳，并且这些恐龙很有可能是温血或者是恒温生物，只有这样，才能抵御严寒。美国的科学家们猜测，大概曾经有过很多小恐龙在此蹒跚学步，画面十分温馨美好。

每年大约有4个月的时间，这些恐龙是生活在黑暗当中的。而且据研究人员猜测，这些恐龙不可能在更靠近北边的地方生活了。因为阿拉斯加发现恐龙碎片的区域，在当时要比现在更加靠近北极地区。经过研究之后，科学家们发现这些遗骸的主人一共有九个，一些刚出生的小恐龙因为身体太幼小而无法移动，最后长眠于此。

阿拉斯加北极的冬季对于食草动物来说绝对是一个非常巨大的灾难，因为它们的食物全都会被大雪所覆盖，根本就没有活着的植物可以吃，科学家不知道这些动物是如何过冬的，他们猜测小型恐龙有可能会进行类似于现代动物的冬眠，较大的恐龙只能硬扛。

另外，之所以说北极曾经生活过恐龙，我们还可以从板块漂移学说开始谈起，这一学说告诉我们，北极以前在热带，故人类在北极发现了不少碳、热带动物化石和冰冻尸体。还有研究认为，今日冰川覆盖的北极曾是亚热带气候，茂密的棕榈树和美洲鳄是那里当时的主人。这个结论是由多国科学家组成的“北极钻探之旅”科考队经过三项最新研究后得出的。这一发现可以提供一个视角，说明全球变暖能够导致怎样的可怕情形。

据报道，科学家们从北冰洋底挖取了地核或岩芯进行分析后发现，5500万年前北极附近曾是亚热带气候。由于全球变暖导致植被疯狂生长，以至于当时北极被浮动蕨类植物覆盖。科考队成员、美国耶鲁大学地质学教授帕加尼说："那里当时的气候可能是亚热带，蚊子大概有人的脑袋大小。当时，北冰洋周围都是美洲杉和柏树，有点像今天的佛罗里达。"

数百万年前，地球经历了一个自然全球变暖时期，在5500万年前，大气中二氧化碳浓度突然骤增，加速了温室效应。北极平均温度也在此次全球变暖中达到了26℃。科考队负责人说，这个研究结果提示，我们目前对下个世纪全球变暖的估计低了一些——发生在5500万年前的这个事实证实，比目前多4倍的大气二氧化碳浓度就能够导致全球变暖。

关于北极的争论

我们通常所说的“北极地区”指的是北极圈（北纬66° 34′）以北的区域，总面积约2100万平方千米。直到今天，哪个国家拥有北极哪个地区仍是一个有争议的话题。被称为“地球最后的宝库”的北极，拥有9%的世界煤炭资源，还有丰富的石油和天然气资源，另外，北极地区还有大量的金刚石、金、铀等矿藏和水产资源。面对如此丰富的自然资源，周边各国竭尽全力同北极“攀”上关系。

因此，北极地区的争议话题很明显就在于它所具备的丰富资源，北极的天然资源很多，其中最为丰富的就是天然气了，根据科学家的勘探，只是位于北冰洋海底的石油储量就超过900亿桶，占到整个地球总储量的13%，估算显示这一地区还蕴藏有全球未探明天然气储量的25%左右；将北极地区浅水、低温等特殊的地理、气候条件考虑在内，其生产的液化天然气还具有特殊的成本优势。

除此之外，北极地区还具备重大的地缘战略意义，在全球气候变暖的大背景下，海水逐渐消融，北极航道展现出了光明的开发前景，相比于绕行苏伊士运河或巴拿马运河的传统航线，通过北极航道连接西欧、东亚与北美的航线可缩短25%～40%的航程和航期。

不过，在这个话题开始之前，或许有人会想到这样一个问题：为何冰天雪地的北冰洋地区会有如此丰富的油气资源呢?

当你看地图时，你注意到的第一件事就是北极和南极不同，北极是一片被陆地包围的海洋，而南极洲则是一片大陆。

首先，这样的地理环境意味着北极地区可以获得巨量的丰富有机质来源，主要形式是死亡的海洋生物遗骸，如藻类和浮游生物，它们构成了油气资源的主体来源；其次，被陆地包围，意味着北冰洋有超过50%的面积都位于大陆架上，大陆地壳相比海洋地壳常常含有巨大的盆地沉积，容易积聚大量有机物。

在这些盆地地区，大量有机物被埋藏在沉积岩层之中，随着有机物的增加，沉积岩层开始缺氧。正常情况下，在富含氧气的浅海中，有机物是难以保存下来的，但如果海洋足够深，海水会出现分层现象，这就意味着富含氧气的上层海水和缺氧的底层海水是分开的。

随着数百万年的变迁后，高山在风化的作用下被削平，也出现了大量的风化产物，这些产物被风力或者水力作用侵蚀、搬运，并最终在海洋里沉积下来，而海底原有的有机物沉淀层被覆盖，慢慢形成了一层坚硬但是多孔隙的沉积层，称为“储油岩层”，又历经了几百万年的时间，位于底层的沉积岩层在上面的有机物的施压下，压力逐渐增大并开始逐渐升温。

关于海底沉积岩层的温度，大约深度每增加1000米，温度会升高30℃左右。在这样的高温高压环境下，这些有机物质缓慢转变为石油，而那些温度最高的区域，则会形成天然气。

由于油气的比重较低，它们开始沿着多孔隙的岩层上升并聚集，最终形成油田和天然气田，也就是我们今天的工业和日常生活所依赖的油气资源。

因此，北冰洋多油气资源其实是很多因素的集合体——大量的有机物质，丰富的沉积岩层来锁住石油和天然气，以及理想的地质情况。而在北极地区陆地上的油气资源，往往也是这些在地质历史上被海水淹没的地区形成的油气资源。

然而，很多科学家和环境保护主义者指出，北极存在丰富的油气资源这一事实并不意味着人类就应该去那里进行开采，北极地区极为偏远，大量海冰漂浮海上，开采油气的运输和后勤保障都会成为大问题。

环境保护者们所担心的不仅是石油开采过程中可能产生的污染问题，他们还对油气资源的勘探过程心存疑虑，比如，勘测时，人们会让很多大型卡车在冰雪地里来回开，制造震动，从而让地震仪通过震动反射信号，探查地下结构，但这样的做法必然会干扰到野生动物的生存。

但无论如何，关于北极的开发和争论从未停止过，周边各国在争夺资源的同时，也应该将科学家和环境保护者的担忧考虑在内，适度开发，绝不能给北极造成毁灭性的破坏。

第03章 北极地区的动物

在寒冷的北极，其实也生存着很多动物，在北极生存的动物主要包括北极苔原地带的栖居动物和北冰洋中的海洋动物。其中以鲸和北极熊为代表，除此之外，还有北极鳕鱼、北极狐、北极狼、北极麝牛、海象等。那么，这些动物都有着怎样的外形特点，又是怎么生活的呢？带着这样的疑问，我们来看看本章的内容。

游泳健将——北极熊

前面我们已经提及，南极和北极是地球纬度最高的地方，同时也是地球上最寒冷的地区。但南极地区和北极地区有不同的动物群。其中，北极动物的代表就是北极熊。

北极熊是世界上第二大的熊科动物，也是第二大的陆地食肉动物，过去人们一直认为北极熊是最大的陆地食肉动物，直到在科迪亚克岛发现了880千克重的科迪亚克棕熊，北极熊屈居第二（如果不计入亚种，北极熊仍是最大的陆地食肉动物）。雄性北极熊身长为2.4～2.6米，体重一般为400～600千克，甚至可达800千克。而雌性北极熊体形约比雄性小一半左右，身长为1.9～2.1米，体重为200～300千克，到了冬眠之前，由于脂肪大量积累，它们的体重可达500千克。

那么，在冰天雪地的北极，北极熊是怎样生活的呢？我们从以下几个方面进行了解。

1.食性

在所有熊科动物中，北极熊是纯正的肉食动物，在它们的食物列表中，98.5%的食物都是肉类。它们主要捕食海豹，特别是环斑海豹，也吃髯海豹、鞍纹海豹、冠海豹。除此之外，它们也捕捉海象、白鲸、海鸟、鱼类及小型哺乳动物，有时也会吃一些腐肉。

到了夏季，它们也会偶尔吃“素”，如浆果或者植物的根茎。在春末夏临之时，它们会到海边吃冲上来的海草来补充身体所需的矿物质和维生素物质。

和其他熊科动物不一样的是，它们更喜欢高热量的食物，所以它们不会将暂时没吃完的食物留起来等下一顿再吃，它们需要大量的食物来保证自己拥有厚厚的脂肪层。

2.活动

北极熊有着非常出色的游泳能力，正因为如此，人们一度认为它们是海洋动物，不过，在生命中的大部分时间，北极熊都是处于“静止”状态，如休息、睡觉或者静静地等待猎物的出现，还有一部分时间是在陆地或者冰层上漫步，只有很少一部分时间是在享受捕猎的成果。

因为北极熊的捕食能力比较强，所以它们捕到的猎物经常会被其他同类觊觎，一般一些体形较小的北极熊，会选择躲避冲突，但如果是一位掌握生计的北极熊妈妈，它很有可能会为了孩子和全家人的口粮和来犯者决一死战。同时，需要注意的是，北极熊是唯一主动攻击人类的熊，不过它们几乎不在白天攻击，而是选择在夜晚行动。

3.捕猎

北极熊一般有两种捕猎模式，一种是直接潜入冰层下面去捕捉海豹，这样会让海豹猝不及防；另外一种是静静等待猎物的出现，它们会事先在冰面上找到海豹的呼吸孔，然后会悄悄地等上几小时甚至更久，这一过程

显得极为有耐心，只要海豹露头，它们就会发起攻击，并用它们尖利的爪钩将海豹从呼吸孔中拽上来。如果海豹在岸上，它们也会躲在角落里，然后蹑手蹑脚地爬过来发起猛攻。在疯狂享用过一顿美味后，它们会在原地清理自己的毛发，然后将食物残渣清理干净。

4.左撇子

北极熊素来有使用左手捕食的习惯，这一习惯形成于它们的捕食活动中。它有一身白色的皮毛，而周围又都是白色的冰雪，这使它们能很轻易地隐藏起来，不过，它们的鼻子不是白色的，如果不藏起来，那么猎物很容易发现它们，所以当它从冰面往水下看时，会“机智”地用右手遮住自己的黑鼻子，而腾出左手捕食。

5.休眠习性

每年的3月到5月是北极熊的活跃期，它们会在各个浮冰区奔走，目的是寻找食物，而到了冬季，它们就基本不活动了，甚至可以很久不进食，它们会寻找一个避风的地方睡觉，进入局部冬眠。

所谓局部冬眠，指与蛇等动物的冬眠方式不同的另外一种冬眠方式，即动物不会择穴而眠，而是似睡非睡，一旦遇到危险，它们会立即惊醒并应对危险。

另外，一些科学家也提出，在夏天时，北极熊也可能进入休眠模式，即在夏季浮冰最少的时期，北极熊可能会因很难觅食而处于局部夏眠状态。依据之一是加拿大的北极熊专家曾于秋季在哈得孙湾抓到几头熊掌上长满长毛的北极熊。专家推测它们在夏季几乎没有觅食活动，如果没有夏眠，它们的熊掌上不会长毛。

另外，细心的孩子可能已经发现了，北极没有企鹅，而南极大陆也没有北极熊。这是为什么?

熊类是杂食、适应性强的陆生动物，从北极到热带均有分布。第三纪时，由于地球上出现寒冷气候，南北极形成冰川，来不及由极地往温暖地区迁移的喜温动物都灭绝了，仅有一些适应寒冷气候的动物在冰川边缘生活。原来以北极植物为主食的穴居熊绝迹了，而一种毛皮厚、肉食，并且具有体温调节能力、越冬生理以及生物化学都适应严寒的熊类在北极生存了下来，这便是以后的北极熊。而南极洲早在熊类祖先出现之前便是一个由海洋环绕的大陆，不与其他大陆相连。大洋的隔断使陆生熊类根本不可能往那里迁移，所以南极不可能发现北极熊的踪影。

适应性强——北极狐

在整个北极范围，包括俄罗斯、加拿大、阿拉斯加、格陵兰和斯瓦尔巴群岛的外缘，以及亚北极和高山地区，生活着一种长相酷似狐狸的动物，它们就是北极狐。

北极狐体长46～68厘米，尾长28～31厘米，肩高25～30厘米，体重1.4～9千克。体形较小且肥胖，雄性略大。额面窄，吻部很尖，耳短而圆，颊后部生长毛，腿短，脚底部也密生长毛，适于在冰雪地上行走。北极狐毛皮厚长且细软，所以北极狐可忍受严寒。其冬天全身毛色为纯雪白色，仅无毛的鼻尖和尾端黑色，自春天至夏天逐渐转变为青灰色，夏季体毛为灰黑色，腹面颜色较浅，有很密的绒毛和较少的针毛，尾长，尾毛特别蓬松，尾端白色，身体略小于赤狐。因为它的脚很像野兔脚，所以学名有野兔脚的狐狸之意。

那么，北极狐在寒冷的北极是怎样生活的呢？我们可以从以下几个方面来了解。

1.栖息环境

北极狐主要在北冰洋的沿岸地带及一些岛屿上的苔原地带生存，甚至能在零下50℃的冰原上顽强地生存下来，它们会在这些地方的丘陵地带筑巢，还会给自己的巢留几个出入口，由此可见北极狐十分聪明。

2.食性

北极狐有着很强的适应性，它们可以轻松地根据环境而改变自己的饮食习惯。一般来说，它们喜欢以小型的啮齿类动物或者以在巢穴中找到的蛋为食，那些鱼类和漂浮于海上的动物尸体，它们也不“嫌弃”，到了冬天，当食物不足时，它们会悄悄跟随北极熊，这样能捡一些北极熊留下的“残羹冷炙”，当然，这对于它们来说已经是美味了，不过，北极狐同类可能会因为争抢食物而自相残杀。

北极狐的食物范围很广，包括旅鼠、鱼、鸟类、鸟蛋、浆果和北极兔，它们有时也会漫游海岸寻找贝类，但最主要的食物供应还是来自旅鼠。

在遇到旅鼠时，北极狐会十分准确地跳跃起来，然后猛扑过去，将其按在地下整个吞食掉，有趣的是，当北极狐闻到在窝里的旅鼠气味或者听到旅鼠的尖叫声时，它会迅速地开始挖掘位于雪下面的旅鼠窝，等到挖得差不多时，北极狐会高高跳起，借着跃起的力量，将雪做的鼠窝压塌，将一窝旅鼠一网打尽，然后逐个吃掉它们。

3.族群

北极狐性格孤僻，并不喜欢群居生活，它们经常单独活动，不过到了觅食的季节，它们也会集结成一个小队。到了冬季，如果它们在海滨上无法再寻找到食物时，它们就会向地下转移，捕捉雷鸟、北极兔和穴居冬眠的旅鼠。不过，聪明的北极狐会提前储存食物，它们会将秋季捕获的食物

储藏于岩石或雪下，到了冬天缺乏口粮时，再拿出来享用。

北极狐能进行长距离迁徙，而且有很强的导航本领。科学家称，北极狐在五个半月的时间内，最少能迁徙4600千米。平均一天能行进90千米，可连续行进数天，能够在数月时间内从太平洋沿岸迁徙到大西洋沿岸。北极狐似乎还自带导航功能，哪怕是走了数百千米，它们也不会迷路，它们会在冬季离开巢穴，迁徙到600千米外的地方，然后在来年夏天返回家园。

在一群狐狸中，雌狐狸之间是有严格的等级的，它们当中的一个能支配控制其它的雌狐。此外，同一群中的成员分享同一块领地，如果这些领地非要和临近的群体相接，也很少重叠，说明北极狐有一定的领域性。北极狐的数量受旅鼠数量影响，通常情况下，旅鼠大量死亡的低峰年，正是北极狐数量的高峰年，为了生计，北极狐开始远走它乡，这时候，狐群会莫名其妙地流行一种名为“疯舞病”的疾病。这种病系由病毒侵入神经系统所致，得病的北极狐会变得异常兴奋，往往无法控制自己的行为甚至会进攻过路的狗和狼。得病的北极狐大多在第一年冬季就死掉了，当地猎民会从狐尸上取其毛皮加以利用。

4.繁殖

每年2月到5月是北极狐的发情求偶和交配季节，3月，北极狐开始发情，雌北极狐发情时，狐头会向上扬起，坐着鸣叫，这是在吸引雄北极狐，而雄北极狐在发情时，也会鸣叫，且比雌北极狐叫得更为频繁，并在最后发出独特的声调。一般只要51～52天，一窝小狐狸便诞生了，北极狐每窝一般产幼狐8～10只，最高纪录是16只。

刚出生的北极狐幼崽尚未睁开眼睛，16～18天后小狐狸便开始睁眼看世界了。经过两个月的哺乳期后，母狐便开始从野外捕来旅鼠、田鼠等喂养小狐狸，每当母狐叼着猎物回来，小狐狸们便争先恐后地冲出洞穴分享猎物。约10个月后，小狐狸们就能达到性成熟，和成年北极狐一样捕食和生存了。一般来说，北极狐的寿命为8～10年。

神奇的变色眼睛——北极驯鹿

自然界的所有动物，包括人类，都可以调控眼睛以适应太阳不断变化的光线。在阴暗的环境中，动物能控制虹膜中的肌肉收缩以扩张瞳孔，让更多的光进入眼睛。不过在北极，有一种动物拥有一双神奇的变色眼睛，它们的眼睛还会根据季节变化而出现不同的颜色。在夏天，阳光明媚时，它们的眼睛会闪着金色的光芒，但是随着天气逐渐变冷，它们眼睛的反射性会随之减弱，直到在黑暗的冬季变成深蓝色为止，这种神奇的动物，就是北极驯鹿。

科学家们在发现这一点后也十分惊奇，不过他们也是在经过数年研究之后才揭开了变色眼睛背后的秘密。我们知道人眼的颜色取决于虹膜上的色素细胞，但北极驯鹿并不是这样，它们眼睛的颜色是由视网膜后的一种叫作照膜的反射层调控的。

到了冬天，北极驯鹿眼球内的压力会增大，使照膜中的胶原纤维更紧密地聚集在一起，从而改变反射光的波长和强度。在夏天，进入北极驯鹿眼中的光线大都直接被视网膜反射出去，因此呈现出明亮的金黄色。而在冬季，受到照膜结构变化的调节，光线在鹿眼中更多的是发生散射，反射量则有所减少，且以短波光为主，因此显现为深邃的蓝色。

北极驯鹿的眼睛变蓝后，鹿眼对光的敏感度也会显著提高。科学家推测这种变化能够帮助北极驯鹿在北极冬日漫长的漆黑夜晚更好地捕捉光线，及时发现捕食者，不过它们所看到的画面清晰度也会有所下降。

那么，在皑皑白雪的北极，这些北极驯鹿有着怎样的形态特征，又是怎样生活的呢？

北极驯鹿，是鹿科驯鹿属的唯一种，又名角鹿。

北极驯鹿体形中等，身体长度是100～125厘米，肩高100～120厘米；雌雄驯鹿头上都有角，角是向前弯曲的，且有分叉，3月是雄鹿脱角的季节，稍早于雌鹿，雌鹿约在4月中下旬脱角。驯鹿头长而直，耳较短似马耳，额凹；颈长，肩稍隆起，背腰平直；尾短；主蹄大而阔，中央裂线很深，悬蹄大，行走时能触及地面，因此适于在雪地和崎岖不平的道路上行走；体背毛色夏季为灰棕、栗棕色，腹面和尾下部、四肢内侧白色，冬毛稍淡呈灰褐或灰棕，5月是脱毛季节，到了9月开始长冬毛。

1.生活习性

北极驯鹿分布于欧亚大陆、北美、西伯利亚南部，在中国大兴安岭西北坡的是北极驯鹿的亚种，另外，在内蒙古自治区额尔古纳左旗也有少量饲养。北极驯鹿栖于寒带、亚寒带森林和冻土地带。位于中国的北极驯鹿亚种主要生活在以针叶林、针阔混交林为主的寒温地带。喜欢群栖，因为缺乏食物，为了生存，它们经常需要结群进行长距离迁徙，主要以一些低等植物为食，如苔藓和地衣，到了植物繁盛的季节，它们也会吃一些树木的枝条和嫩芽、蘑菇、嫩青草、树叶等。

北极驯鹿为珍贵动物，茸、肉、皮、乳均可利用。黑龙江省的鄂温克族用它作交通运输工具。

北极驯鹿的中文名字有点名不副实，因为驯鹿实际上并不是人工驯养

出来的。其英文“Caribou”是指分布于北美的野生驯鹿，而分布在北欧，经过拉普人管理和驯养的驯鹿叫做“Reindeer”。

就历史而言，鹿类与人类的关系是非常密切的，大约在二百多万年以前，地质上称为更新世后期，分布在欧亚大陆上的驯鹿曾是人类主要的食物之一，那时的人类主要依靠捕食驯鹿获得营养。所以，我们的祖先总是把鹿视为圣洁的象征，赋予了它们许多美丽的神话和传说。西方也是如此，他们让鹿给圣诞老人拉车，给孩子们送礼物。

北极驯鹿最惊人的举动，就是每年一次的长达数百千米的大迁移。春天一到，它们便离开自己越冬的亚北极地区的森林和草原，沿着几百年不变的路线往北进发。而且总是由雌鹿打头，雄鹿紧随其后，秩序井然，边走边吃，日夜兼程，沿途脱掉厚厚的冬装，生出新的薄薄的夏衣，脱下的绒毛掉在地上，正好成了路标。就这样年复一年，不知道已经走了多少个

世纪。它们总是匀速前进，只有遇到狼群的惊扰或猎人的追赶，才会一阵猛跑，并发出惊天动地的巨响，扬起满天的尘土，打破草原的宁静，在本来沉寂无声的北极大地上展开一场生命的角逐。

2.繁殖

每年的9月中旬至10月，是北极驯鹿的交配季，妊娠期为7～8个月，每胎产1只，也有两只幼崽的可能，哺乳期5～6个月。雌性幼兽18个月达到性成熟，雄性稍晚，需30个月左右。

北极驯鹿幼崽的生长速度是其他动物无法比拟的，母鹿在冬季受孕，在春季的迁移途中产仔。幼崽在从母体中出生几天后就能和母鹿一起赶路，一个星期之后，它们就能像父母一样跑得飞快，时速可达每小时48千米。

可怕的獠牙——海象

提到大象，相信很多小朋友都不陌生，它是一种长着长长鼻子的动物，在动物园中也能经常见到。在北极，有一种动物叫海象，与大象憨态可掬的样子不太一样，它没有长鼻子，而是长着尖锐可怕的獠牙，样子异常凶狠。

海象是北极地区的特产动物，分布在以北冰洋为中心，包括大西洋和太平洋最北部的海域中，向南最远的记录在北纬40° ～58° 。海象的外貌异常丑陋，有着充血闪光的眼睛，在上唇的厚肉垫上还长满粗硬密麻约有10厘米长的胡须，多达400根，特别是那对0.3～0.9米的粗长獠牙，看上去很可怕。它在浮冰上走路或者从水中爬到冰上，也是靠这对獠牙的帮助。它把庞大身躯的一半移到冰块上，再把牙齿插到冰块里，然后紧缩颈部的肉，将身体向前缓缓移动，最后在冰块上站定。

海象的皮肤厚而多皱，厚度可达1.2～5厘米，皮下脂肪厚12～15厘米，足以抵御北极的严寒。其体表一般呈灰褐色或黄褐色，但常常出现一些奇妙的变化。在冰冷的海水中浸泡一段时间后，为了减少能量消耗，海象的动脉血管收缩，血液流动受到了限制，体表就变为了可怕的灰白色，而登陆以后，血管膨胀，体表则呈现出棕红色，尤其是一群海象卧伏在一起的时候，就如同铺在岩石上的一块巨大的棕红色地毯。

那么，海象是怎样在北极的海洋中生存的呢？

1.栖息环境

海象是北极的一种特产动物，主要生活于北极海域，不过它们也喜欢进行短途迁徙，它们每年5～7月北上，深秋南下。因此，在北极的很多地带，太平洋中从白令海峡到楚科奇海、东西伯利亚海、拉普帕夫海，大西洋中从格陵兰岛到巴芬岛、从冰岛和斯匹次卑尔根群岛至巴伦支海都有其身影，因为生存环境的差异，不同地区的海象也有不同的特征，为此，科学家们将海象又分成两个亚种，即太平洋海象和大西洋海象。

2.食性

海象是杂食性动物，但奇怪的是它们并不吃鱼，而是喜欢吃一些海洋软体动物，主要吃瓣鳃类软体动物，也捕食乌贼、虾、蟹和蠕虫等，偶尔也会吞食少量水中幼嫩植物和海底的有机质沉渣等。它们的捕食方式很有趣，它会先将长长的牙齿插入海底，摆动头部，搅动海底的泥沙，然后运用自己敏感而灵活的鼻口部和能像触角一样活动的触须去探找食物，用前肢内侧表面粗糙的掌面相对夹住贝壳，将其磨碎，同时身体上浮一段后，松开掌面，使碎贝壳与贝肉分离，最后再次下潜，下落比较慢的贝肉就被它吸进了口中。有科学家称，一些海象甚至能将一头海豹或者一角鲸变成自己的食物，不过它们捕食时并不是利用它们的獠牙，而是用前肢将对方抱住，压到水下淹死后，再一步步啃食它们的尸体。

3.生活习性

海象是群栖性的动物，在冰冷的海水中和陆地的冰块上过着两栖的生活，每群数量可从几十只、数百只到成千上万只。为了恢复在海洋中长期

游动后的疲劳，海象在陆地上大多数时间都在睡觉和休息，有时用獠牙与较短的后肢来摇摇晃晃地行走，也显得十分笨拙，滑稽可笑。但海象在海水中靠着流线型的身体、发达的肌肉以及强有力的鳍状肢，行动自如，非常机敏，用后肢推进，前肢转弯，时速可达24千米，可潜至70米以下的深度，能够完成取食、求偶、交配等各种活动。

海象的视力较差，但它们有着出色的嗅觉和听觉能力，并且它们喜欢一起睡觉，然后留下一只放哨，只要危险迫近，放哨的那只海象就会立即报告——发出公牛似的吼声，将同伴唤醒，或用獠牙碰醒身旁的其他个体，并依次传递警报。如果群体较大，放哨的海象还需要在水边游动，不断探出头来看看周围是不是安全的，海象最怕的就是北极熊了，北极熊常常捕食它们的幼仔，但较少进攻身躯庞大的海象成体。它们的另一个主要天敌是虎鲸，虎鲸素来有“海中霸王”之称，如果真的遇到了虎鲸，它们只能选择逃离而不敢与之硬碰硬。

海象喜欢在浅海沿岸，软体动物较为丰富的砂砾底质处觅食，它们吻部的硬髭可用来帮助探触淤泥中的食物。海象的大部分时光是在沿岸陆地或浮冰上度过的，它们在那里繁殖、换毛和休息，常常有成千上万只海象紧紧地挤在一起，彼此相依。偶尔有几只发生争吵时，骚动就会像水中的涟漪一样，在大群中传播开，引起不安。

4.繁殖

每年4～5月，海象在水中进行交配或养育。交配一般1～3年一次，妊娠期长达一年，小海象出生后由雌海象带着下水，半个月后就会适应水中生活。海象周身有毛皮，小海象的毛皮呈黑绿色，成年的雌海象呈褐色，雄海象为红褐色或粉红色。随着年岁的增长，它们皮毛的色泽渐渐变浅，失去原有的光泽，显得异常粗糙，仿佛枯干的树皮。

惊人的抗低温能力——北极鳕鱼

小朋友们，在日常生活中，我们对鱼十分熟悉，我们也知道，生活在水中的鱼在零下1℃时就会被冻成“冰棒”了，然而，你知道吗？在北极有一种鱼，在零下1.87℃的水下仍可以活跃地生活，若无其事地游来游去，它们就是北极鳕鱼，北极鳕鱼为什么能如此“抗冻”呢？原来，在北极鳕鱼的血液中有一种特殊的生物化学物质，叫作抗冻蛋白，就是这种抗冻蛋白在起作用。抗冻蛋白之所以具有抗冻作用，是因为其分子具有扩展的性质，好像其结构上有一块极易与水或冰相互作用的表面区域，以此来降低水的冰点，从而阻止体液的冻结。因此，抗冻蛋白赋予北极鳕鱼一种惊人的抗低温能力。

北极鳕鱼的分布地区很广，在整个北极地区都有分布，属于冷水性鱼类，如果温度超过5℃时，就不见它们的踪迹了。它是一种中小型鱼类，最大体长可达36厘米，是北极地区重要的经济鱼类之一。

1.形态特征

北极鳕鱼具有以下外形特征：体形修长、侧边扁，尾部向后渐细，一般身长25～40厘米，体重300～750克，有着清晰明显的侧线，3个背鳍，2个臀鳍，各鳍均无硬棘，完全由鳍条组成。头大，嘴巴大，上颌略长于下颌，在其颈部有一触须，须长等于或略长于眼径。两颌及犁骨均具绒毛状牙。体被细小圆鳞，易脱落。头、背及体侧为灰褐色，并具不规则深褐色斑纹，腹部为灰白色，胸络浅黄色，其他各鳍均为灰色。

2.生活习性

夏季，喀拉海区巴伦支海的结冰区边缘是北极鳕鱼的生存区域，它们以一些小型浮游植物和浮游动物为食，随着身体的逐渐成长，它们所吃浮游生物也逐渐从小变大，并且，它们也会捕食一些小型鱼类。

每年9月，北极鳕鱼开始向南迁徙，与其他动物不同的是，它们在寒冷的冬季产卵，由于水温低，所以孵化期长达4～5个月。

冬季，北极鳕鱼的肝脏可占体重的10%，其中有50%都是有价值的脂肪，正因为如此，很多北极生物，比如海豹、鲸等都喜欢在冬季捕食北极鳕鱼，另外，北极熊、北极狐等也会在秋季于海岸上寻找在洄游途中被暴风雪吹到岸上的北极鳕鱼，以此来弥补食物的短缺。

北极鳕鱼有着惊人的生长速度，3龄时，平均体长17厘米，4龄则可达19.5厘米，5龄为21厘米，6龄为22厘米。北极鳕鱼的最高年龄可达7岁。4岁时，它们会达到性成熟，并且大部分北极鳕鱼一生只会产卵一次，到了产

卵期，就不再吃东西了，而产卵完以后它们会游入河口或河的下游，再游入外海。

遇敌不乱、集体防御——麝牛

在北极，生活着一群貌似家养的牛，然而奔跑起来不像牛而像羊的动物，它们就是麝牛。它长着大胡子，身上的毛长得可拖到地。动物学家研究表明，麝牛同山羊和绵羊更接近。麝牛的近亲可以在热带地区找到，是四不像的扭角羚。麝牛不会分泌任何麝香。

那么，麝牛的外形是怎样的，又是怎样在寒冷的北极生活的呢?

麝牛是偶蹄目牛科麝牛属的唯一物种，只有两个亚种，麝牛身体长180～230厘米，尾长9～10厘米，肩高一般120～150厘米，体重200～410千克。

麝牛身体厚重敦实，外形上与我们常见的牛很像，耳朵很小，覆盖有浓密的毛，并且，四肢没有臭腺和雌兽有4个乳头与牛也是相似的，但与牛不同的是，它的尾巴特别短，耳朵很小，四肢也很短，眼睛前面具有臭腺，吻边除了鼻孔间的一小部分外，都被毛所覆盖。麝牛的角从头顶长出，这一部分也与常见的牛不同，而是与山羊类似，所以，麝牛有另外一个学名叫“羊牛”，足可见它呈现了牛与羊之间的很多过渡性特征。

1.生活习性

麝牛喜欢群体活动，多生活在一些荒芜、岩石多的地方，以一些灌木

枝条和草为食，到冬天食物缺乏时会吃一些苔藓类。

麝牛很勇敢，遇到危险也不会躲避，如果出现了更为凶猛的熊和狼，它们会展现出很好的群体合作能力，一群麝牛会很快集结，形成防御阵型，成年公牛站在最前沿，把幼牛围在中间。公牛会出其不意地发动进攻，用它们头上的尖角袭击对方。由于它们的毛被长而厚，可保护自己的身体不被敌兽咬伤。公牛进攻后，会立即返回原地，严阵以待。

在平常情况下，麝牛的脾气并不会展现出来，它们十分温顺，会摄取一点食物，然后平躺在地上细细咀嚼，随后会打起瞌睡。等到睡醒了，它们又会继续向前走一段，然后继续吃、再打盹，这样的生活方式，能让它们减少能量消耗，又可降低对食物的需求。夏季，麝牛主要以新鲜野草为食，到融化了的小溪、池塘、河流中饮水。冬季，麝牛仅吃少量雪，因消耗热量才能将雪融化成水，这样不仅可以满足身体需要，而且可以降低能量的流失。据报道，由于麝牛保持能量的效率极高，所以它所需的食物仅占同样大小的牛的1/6。

麝牛喜群居，夏时集群较小，冬时结成大群多至百余只。

2.繁殖方式

经过夏天的休养生息，麝牛积累了大量的能量。雌性主要为了繁殖，雄性也要在入秋的发情期争夺生殖权利。

麝牛的繁殖率相对较低，幼仔的成活率也很低，由于冬季天气寒冷，夜比昼长，初生的幼仔往往因乳毛未干被冻死。雌牛隔年才产下一头幼仔，幼仔具有高度的早熟性，有着厚的毛皮，在出生后1 小时之内就能够行走。小雄牛站着时，肩高约有1.5米，体长约2.5米，小雌牛的体形小一些。

雄牛3～4年性成熟，雌牛要5～6年。寿命20～24年。

3.种群现状

麝牛的敌人是北极熊和北极狼，面对体重高达三四百千克的“庞然大物”和坚硬的牛角（麝牛不论雌雄都长角），北极狼和北极熊也毫无办法，有时愤怒的麝牛会冲出防御圈主动攻击北极熊和北极狼。

然而，麝牛最恐惧的敌人并不是这些大自然的动物，它们真正的敌人是那些挥舞着枪支的欧洲人，他们为了获取麝牛的肉、牛角和皮毛，将屠刀伸向麝牛，此时，麝牛的防御体系丝毫起不到作用，捕杀者先是派出猎狗追赶麝牛，等麝牛愤怒地形成防御圈准备决一死战时，再将其“团灭”。

这种杀戮是高效的，更是残忍的，如果不是加拿大政府在1917年通过法律禁止捕杀麝牛的话，麝牛可能早已灭绝。1930年，美国国会提供资

金，从格陵兰运了34头麝牛重新引进到阿拉斯加。在保护下，麝牛繁衍得非常快。在阿拉斯加大约已有3000头麝牛，在全世界大约有8万头，其已不再被认为是濒危动物，某些地区甚至允许对其做限量的捕杀。

集体捕猎——北极狼

狼在我们很多人看来都是可怕的、残忍的，一般生活在深山老林中，不过其实在北极，也生活着狼群，它们就是北极狼。北极狼，又称白狼，是犬科的哺乳动物，也是灰狼的亚种，分布于欧亚大陆北部、加拿大北部和格陵兰北部。虽然人们一般认为北极狼很凶猛，但是对因纽特人来说，北极狼是一种很温和的动物。

北极狼的外表很像一只有绅士风度的狗，它们的牙齿非常尖利，这有助于它们捕杀猎物。其他种类的狼和人类是北极狼的天敌。与一般灰狼相比，北极狼的体形小，加上尾巴有89～189厘米长，成年的北极狼雄性比雌性更大。它们肩膀的高度由64到80厘米不等，体重为35～45千克。曾经有一只被人类养的北极狼寿命长达18年，但是一般来说，在野外的北极狼的寿命为7到10年。

到现在为止，全球北极狼的数量只有一万只，因此它们被列为二级濒危动物。

1.生活习性

在北极的食肉动物中，北极狼虽然与北极狐体形相似，而且彼此是亲戚，但它们捕食的目标却大不相同。北极狼虽然对送到嘴边的旅鼠和田鼠

之类的小动物也不肯放过，但它们的主要猎物还是驯鹿和麝牛之类的大目标。这是由它们的群居生活方式决定的，因为狼群总是集体捕猎，共同分享猎物，如果追捕了半天只得到一只兔子，那么根本不能满足饥肠辘辘的狼群。

捕猎时，狼王总是担当组织和指挥的角色。它会先选择一只弱小或年老的驯鹿或麝牛作为猎取目标，然后指挥狼群从不同方向慢慢接近进行包抄，一旦时机成熟，便突然发起进攻；如果猎物企图逃跑，狼群便会穷追不舍。在追捕过程中，聪明的狼群往往会分成几个梯队轮流作战，直到捕获成功。

一群北极狼通常由5～10只狼组成，在这个群体中，会在雄狼中经过激烈的竞争产生狼王，其他雄狼被依次分不同等级；同时也会有一只最为强壮的雌狼成为狼后，其他雌狼也是按等级进行划分。

狼王是狼群的首领和守护神，狼后对所有的雌性及大多数雄性也是有权威的，它可以控制群体中所有的雌狼。狼王和狼后以及亚优势的雄狼和雌狼构成群体的中心，其余的狼不论雌雄，都被保持在核心之外。

狼王实际是典型的独裁者。捕到猎物时狼王必须先吃，然后按社群等级依次排列。狼王可以和所有的雌狼交配，不过，狼后会阻止狼王与别的雌狼交配，并且狼后几乎也能很成功地阻止亚优势级的雌狼与其他雄狼交配。这样，交配与繁殖一般只在狼王和狼后这两个最强的个体之间进行，这就是北极狼群的优生优育。

2.繁衍后代

北极狼每窝产崽5～7只，特殊情况下可达10～13只。狼崽出生后，北极狼会无微不至地关怀自己的孩子。狼崽出生后的前13天眼睛还不能睁开，小狼紧紧地挤在一起，安静地躺在窝中。母狼在这个时期几乎寸步不离狼崽，如偶尔外出时间也非常短暂，然后迅速返回洞穴细心照料小狼。

狼崽成长到一个月大，母狼便开始用咀嚼过的，甚至经吞食后又吐出来的反刍食物喂养小狼，让它们习惯以肉为食的生活。经过35～45天的哺乳期，母狼便会给小狼不同的食物，先是尸体，然后是半死不活的猎物，目的是让小狼逐渐学会捕食本领。

在养育狼崽的过程中，狼群中的其他成员也会无怨无悔地参与喂养、照顾小狼的工作。

随着北极狼幼崽的成长，它们逐渐担任起捕猎和防卫等任务，如果遇到其他狼群的攻击，它们会以死抗争，绝不屈服。在这些争斗中，狼崽得到了锻炼并迅速成长起来。

约2岁时，小狼便开始达到性成熟。雌狼一般要到3～4岁才会开始第一次交配，而雄狼这时已长得非常强壮，开始觊觎狼王的位置，并有意识地挑衅狼王。一旦机会成熟，年轻的雄狼便会向狼王提出强有力的挑战，成功者则会成为新的统治者。

最优秀的"口技"专家——白鲸

在北极海域中，还生活着一群可爱的生物，它们通体雪白、姿态美丽，经常将身体的一部分露出水面并嬉闹玩耍，它们就是白鲸。

关于白鲸，有个有趣的故事：

1535年，当法国探险家雅克·卡提尔乘船驶过圣劳伦斯河时，竟然有白鲸在水中载歌载舞，歌声悠扬，舞姿优美，声音绵延到百里之外，船上的队员们都陶醉其中，后来他们便亲切地送给白鲸一个美丽的称呼——"海洋中的金丝雀"。

白鲸是鲸类王国中最出色的"口技"专家，它们能发出几百种声音，为了研究白鲸发出的声音，科学家在河口三角洲白鲸迁徙目的地进行了现场水下录音，结果让他们感到非常惊奇，科学家们竟在水下听到了各种声音，有鸟儿鸣叫声、野兽的吼叫声、马鸣声、病人的呻吟声、女人的尖叫声、婴儿的啼哭声等，甚至还有车船声、铃声等，其实这都是白鲸在自娱自乐，同时也是同伴之间的一种交流，这是它们夏季迁徙的一个重要内容。

白鲸躯体粗壮，呈白色或黄色，头圆、喙短，没有背鳍。成年的白鲸整个躯体会呈现独特的白色，头部在比例上显小，上有额隆，喷气孔后有轮廓清晰的褶皱。躯体表面常布疤痕，也可能有褶皱与脂肪褶层。背脊取代背鳍，位于上部中后位置，尾鳍后缘或呈暗棕色，中央缺刻明显，尾叶

外突随年龄增长越加明显。颈部可自由活动，能够点头及转头。胸鳍宽阔呈刮刀状，活动自如；唇线宽。雄性胸鳍上弯，随年龄增长越加明显。

白鲸身体大部分皮肤很粗糙。成鲸的白色皮肤有时会在夏季发情时稍带淡黄色调，但蜕皮后即消失。白鲸体色会随年龄而改变，从初生时的暗灰色转变成灰、淡灰及带有蓝色调的白色；当白鲸长到5至10岁性别特征成熟时，就会变成纯白色，而背脊、胸鳍边缘以及尾鳍终身都保持暗色调。

白鲸主要在港湾、河道口以及峡湾等地栖息，因为此处常年有光照，到了夏季它们也会出现在河口水域，栖息地水温一般为8～10℃。

白鲸的食物范围很广，主要吃比目鱼、鲑鱼、鳕鱼、胡瓜鱼、杜父鱼等，也食用无脊椎动物，如蟹、虾、蛤蚌、蠕虫、章鱼、鱿鱼以及其它海洋底栖生物，与很多哺乳动物不同的是，它们因为没有太多锋利的牙齿，无法撕咬食物，所以会将食物全部吞入口中，但前提是捕到的猎物不能太大，否则会造成吞咽困难，甚至被卡住。

白鲸一旦到达了迁徙的目的地，就会表现得十分兴奋，虽然“路途遥远”，但是它们似乎一点也不感觉累。除了用不同的歌喉不停地“交流”之外，它们还用自己宽大的尾叶突戏水，将身体露在水面之上，将它们最美的姿态展现出来。白鲸还可以借助各种“玩具”嬉耍游玩。即便是一片海草或者石头，它们都能玩得很开心。

白鲸不仅体态优雅，也极爱干净。许多白鲸刚游到河口三角州时，全身附着寄生虫，外表和体色都显得十分肮脏，这时它们会纷纷潜入水底，在河底下打滚、翻身。还有一些白鲸则在三角洲和浅水滩的砂砾或砾石上擦身。几天以后，白鲸身上的老皮肤全部蜕掉，换上白色的整洁漂亮的新皮肤，体色就焕然一新了。

不过，身体庞大的白鲸也有天敌，已知的天敌是虎鲸与北极熊。除此之外，白鲸的生存状况因为人类的滥捕滥杀和海洋环境污染也受到了威胁，更加可悲的是白鲸的生态环境遭到毁灭性的破坏，一批批白鲸相继死亡。

第04章
南极地区的动物

南极洲虽然被冰川覆盖、极度寒冷，但还是生活着许多动物，以企鹅和蓝鲸为代表，除此之外，还有海豹和海猪等。那么，这些动物都有着怎样的外形特点，又是怎么生活的呢？带着这样的疑问，我们来看看本章的内容。

游泳能手——帝企鹅

小朋友，你见过企鹅吗？它的样子是不是呆萌可爱、憨态可掬呢？不过对于企鹅这种动物，你了解吗？它有着怎样的生活习性呢？

企鹅被称为“海洋之舟”，是一种最古老的游禽，它们很可能在地球穿上冰甲之前，就已经在南极安家落户了。企鹅是南半球14至18种鸟类的统称，是最适于水栖和耐极度寒冷气候的鸟类。其中只有阿黛利企鹅和帝企鹅栖息在南极本土。而南极本土的帝企鹅则是有名的游泳能手。

各种企鹅的区别主要在头部色型和个体大小。有的体长40厘米，有的体长达120厘米，而帝企鹅雄雌个体大小和羽毛颜色相似，是企鹅家族中个体最大的物种，一般身高在90厘米以上，最大可达到120厘米，体重可达50千克。其形态特征是脖子底下有一片橙黄色羽毛，向下逐渐变淡，耳朵后部最深。其全身色泽协调，颈部为淡黄色，耳朵的羽毛鲜黄橘色，腹部乳白色，背部及鳍状肢则是黑色，鸟喙的下方是鲜桔色。

1.生活习性

在陆地上，帝企鹅或是靠双脚摇摇摆摆行走，或是用腹部紧贴冰面滑行，在南极的冬季来临之前，一般在每年的4～5月间，成年帝企鹅要在南极浮冰区移动50～120千米，搬至繁殖区生活。

帝企鹅主要以甲壳类动物为食，偶尔也捕食小鱼和乌贼。它是唯一一种在南极洲的冬季进行繁殖的企鹅。在野生环境中，帝企鹅寿命一般在10年左右，个别寿命可达20年。

帝企鹅的天敌主要有海豹、虎鲸等。在南极的夏季，帝企鹅主要生活在海上，它们在水中捕食、游泳、嬉戏，一方面把身体锻炼得强壮，另一方面吃饱喝足，养精蓄锐，迎接冬季繁殖季节的到来。在冬季，帝企鹅每天都有外出“放风”的机会，它们会趁机活动活动筋骨。

它们的游泳速度为每小时6～9千米，甚至可以实现高达每小时19千米的短距离飞速。帝企鹅能潜到约50米的海面下，在那里可以很容易地发现冰海中的鲜鱼，然后，它们再次潜水和浮出水面呼吸，重复上述步骤。它们还可以在冰的裂缝中吹泡，将隐藏的鱼逼出来。

因此，帝企鹅是名副其实的游泳能手。

2.繁衍方式

雄性的帝企鹅冬天时在陆地上缩成一团，脚背上放着一只企鹅蛋。帝企鹅用自己厚厚的脂肪来给蛋保暖，把它放在表皮厚厚的副翼上孵化。在孵蛋的时候，为了避寒和挡风，企鹅爸爸们常常并排站立，形成一堵挡风的墙。孵蛋时，雄企鹅双足并紧，用嘴将蛋小心翼翼地拨弄到双足背上，并轻微活动身躯和双足，直到蛋在脚背停稳为止。最后，从自己腹部的下端耷拉下一块皱长的肚皮，像安全袋一样，把蛋盖住。从此，企鹅爸爸就弯着脖子，低着头，全神贯注地凝视着、保护着蛋，不吃不喝地站立60多天。

春天来临时，雌企鹅从海边回来接手这项工作，继续照看企鹅蛋，直

到小企鹅孵化出来。幼小的企鹅会站在父母的脚上，靠成年企鹅腹部折叠的皮毛保持温暖。大部分种类的企鹅幼雏长到两至三周大时，在父母去海中觅食时会挤作一团，等待它们把食物带回来，这时总会有一些成年企鹅留下来照看它们。幼雏长出防水的成熟羽毛时，才能同父母一起下水。企鹅常常是成千上万地聚在一起，颇为壮观。

地球之最——蓝鲸

在各大海洋中，尤其是接近南极附近的海洋中，生活着一种巨型海洋生物——蓝鲸，它不但是最大的鲸类，也是现存最大的哺乳动物，更是世界上最大声的动物，蓝鲸在与伙伴联络时使用一种低频率、震耳欲聋的声音。这种声音有时能超过180分贝，比你站在跑道上所听到的喷气式飞机起飞时发出的声音还要大，有一种灵敏的仪器曾在80千米外探测到了蓝鲸的声音，蓝鲸被称为“地球之最”。

蓝鲸长可达33米，重达181吨。蓝鲸的身躯瘦长，背部是青灰色的，不过在水中看起来有时颜色会比较淡。

蓝鲸主要以小型的甲壳类与小型鱼类为食，有时也吃鱿鱼。蓝鲸的头非常大，舌头上能站50个人，心脏和小汽车一样大，婴儿可以爬过它的动脉，刚生下的蓝鲸幼崽比一头成年象还要重。在其生命的头七个月，幼鲸每天要喝400升母乳。幼鲸的生长速度很快，体重每24小时增加90千克。

蓝鲸是目前地球上最大的动物，是真正的海上巨兽，平均长度25米，最高记录为33.5米，平均体重150吨。一头成年蓝鲸的体重是长臂龙（曾生活在地球上的最大恐龙）的2倍多，非洲公象体重的30倍左右。这样的巨兽需要大量的食物，一头成年蓝鲸一天消耗100万卡左右的热量，相当于1吨磷虾，磷虾是它的大宗食物。蓝鲸游入浅滩，吞进满口的水和磷虾。磷虾被充

当活塞的舌头过滤出来，舌头迫使水通过悬挂于上颚两侧的似大筛子结构的鲸须流出去。一头蓝鲸的舌头足足有三米多厚，这比一头大象还重。

蓝鲸是靠肺呼吸的一种哺乳动物，因此，即使它们在海洋中生活，但还是需要每隔10～15分钟就露出水面呼吸。蓝鲸露出水面时，先将肺中的二氧化碳从鼻孔中排出体外，然后吸气。从鼻孔排出灼热而强有力的二氧化碳废气时，伴有响亮的尖叫声，并会把附近的海水也卷出水面，卷出的水柱可达10米，于是海面上出现了一股壮观的白色雾柱。

蓝鲸迁徙的距离很远，夏天，它们生活在极地水域，以邻近浮冰边缘的大量磷虾为食。当冬天来临时，它们迁徙到温暖的水域，行程数千千米。据悉，一头蓝鲸只用47天时间，游程就可达3000千米以上。如此超长的旅程使得它们远离进食基地，在长达4个月的时间内不进食，以积蓄的储能为生。

能单个或结对地邀游世界大洋的蓝鲸，可活到120岁。尽管采用独居的生活方式，但它们有着进行超远距离通迅的先进方法，能产生一种低频率高强度的声音。

蓝鲸也是动物世界中绝无仅有的大力士。一头蓝鲸以每小时28千米的速度前进，可产生1250千瓦的功率，相当于一个中型火车头的拉力。曾有一头蓝鲸把一艘27米长的捕鲸快艇拖着游了8.5小时，平均时速为9千米，当时这艘快艇开足马力向后退行，却仍被它拉着向前行驶了74千米。

蓝鲸曾漫游于世界各大洋，据统计，单在南大洋中就曾有25万头。但最近几年，无情的捕鲸业使得蓝鲸的数量越来越少。确定蓝鲸的数量是很困难的，目前估计南极地区有几百到1.1万头之间。这个数字无论正确与否，与曾经有过的数量相比，都已经到了危险的下限。尽管最近50年来，人类一直在限制捕鲸，并于1967年强制禁止捕鲸，但在科学研究的伪装下，仍然有人继续对蓝鲸进行商业性捕猎。

然而，在蓝鲸的恢复中，人类的其他活动也对其造成了威胁，如多氯联二苯化学品会在蓝鲸血液内聚集，导致蓝鲸中毒和夭折，同时日益增加的海洋运输造成的噪音，掩盖了蓝鲸的声音，导致蓝鲸很难找到配偶。

海洋温度的改变也会影响蓝鲸的食物来源，暖化趋势也会减少盐分的分布，这将会对磷虾的分布与密度造成重大的影响。

可怕的捕食者——豹形海豹

小朋友们，相信你一定知道，海豹虽然是食肉动物，但是多数性格都比较温和，不过有一种豹形海豹却是特例，它们的体形虽然没有世界上最大的海豹大，但性格却远比其凶残，会捕食同为海豹科的动物。它们主要栖息于有冰山和较小冰川的南极浮冰区，有冰层覆盖的亚南极群岛也能发现它们的踪迹。

虽然体形硕大且在陆地上行动缓慢，但在水中，豹形海豹拥有着海豹家族贯有的敏捷与迅速。与其他海豹不同的是，豹形海豹以前鳍状肢游泳，以颚触摸东西。巨大的犬牙使其可以捕食小海豹、企鹅和其他鸟类。它们在南极处于食物链的顶端，胆大且好奇心强，虎鲸是它唯一的天敌。豹形海豹栖息于南极附近的海洋或粗糙的冰面及岛屿上，在夏季，它们差不多会用所有时间在周围的冰堆猎食，冬季则向北前往亚南极群岛。

那么，豹形海豹有着怎样的外形，又是怎样在南极生活的呢？

以下是我们可以了解的几个方面。

1.形态特征

豹形海豹体长3～4米，重300～500千克，雌性比雄性体格大。体色由银色过渡到深褐色，并带有斑点。身体呈蜿蜒状，头部巨大，如同两栖类一样没有前额，但具有大而深的颚。肩部宽阔，全身包括鳍状肢都被毛。

2.生活习性

豹形海豹是独栖性动物，交配和抚育幼兽时结群。由于在陆地上行动笨缓，所以豹形海豹捕食一般发生在水中，企鹅以及其他海豹都会成为它偷袭的对象。但别被其捕食恒温动物的行为所迷惑，实际上，磷虾才是它的主食，占据其饮食比例的近五成，尤其在其他食物来源匮乏的冬季。豹形海豹有季节性地在企鹅群附近捕食企鹅的行为，但此举仅限于豹形海豹里的少数，大部分仍倾向于深海觅食。除了磷虾、企鹅和海豹，它们的食物还包括鱼、乌贼、海鸟、甲壳类动物，偶尔还会食用鲸鱼尸体。

3.分布范围

豹形海豹分布范围遍布南极大陆边缘所有海域，远及南美洲及大洋洲的亚南极浮冰岛屿。

4.繁殖方式

在水中交配，在冰上繁殖，每胎产一仔。雌性妊娠期9个月。繁殖期一般在10月底和11月。初生幼仔长约120厘米，体重能超过30千克。出生后的前四周，母兽会在冰流中抚育幼仔，此后不久的12月至次年1月初，雌性可再次交配。雄性只管交配，并不抚育后代。

豹形海豹是海豹家族中最凶猛的成员，它们除了捕食磷虾以外，还会偷袭企鹅以及其他海豹，甚至出现过豹形海豹袭击人的情况。2003年，有报道称豹形海豹将一位科学家拖入水中导致其死亡，这是一宗豹形海豹

攻击致人类死亡的个案。其实过往也有不少的纪录指出豹形海豹会攻击人类，使学者要穿着特别的装备来接近它们进行研究。豹形海豹也会利用冰上的孔捉住人的脚。

深海巨兽——巨型鱿鱼

鱿鱼是我们常见的一种海洋动物，且能被食用，在南极，有一种长达十几米的鱿鱼，它就是巨型鱿鱼。

这种巨型鱿鱼是世界上最大的动物之一，也是最大的无脊椎动物，属于头足纲、枪形目、巨型鱿鱼科，许多文章里也把它称为“大王乌贼”。

其实鱿鱼与乌贼是有区别的，就普通大小的鱿鱼和乌贼而言，它们在外貌上很相似，但又有明显的不同：鱿鱼身体狭长，有点像标枪的枪头，所以又叫枪乌贼。鱿鱼的触手没有乌贼的触手长，而且不能全部缩到身体内。

巨型鱿鱼两只捕食性长触手上末端膨大，长有强大吸盘，而吸盘环上长有利齿，其它8条触手上也有长利齿的吸盘，成为它们有力的捕食工具。

很多巨型鱿鱼的眼睛像篮球那么大。巨型鱿鱼和一条大旗鱼的个头差不多，但是前者比后者的眼睛大27倍。美国杜克大学的生物学家桑克·约翰森说：“巨型鱿鱼和大旗鱼体型类似，但是按照比例鱿鱼的眼睛更大，直径和体积分别是后者的3倍和27倍，这种情况说不通。为什么巨型鱿鱼需要这么大的眼睛？”约翰森认为，巨型鱿鱼之所以有这样一双囧囧有神的大眼睛，是为了从海水里游过时，可以更清楚地看清周围的一切，进而能及时躲避风险。

巨型鱿鱼多栖息在南极的深海之中，很难被人发现或捕获。见过它的

人无不大呼巨型鱿鱼的大小简直超乎想象，堪称是大自然的奇迹。每次有巨型鱿鱼被拖上岸都会引发人们的围观，因此也有不少人询问，巨型鱿鱼能吃吗？一直以来，巨型鱿鱼都被看作是残忍的“怪物”，实际上它也是鱿鱼的一个种类。目前，世界上已经发现了100多头巨型鱿鱼，但不少都是即将要死掉或者已经死掉时被冲上沙滩的。目前，科学家也只是把巨型鱿鱼当做研究对象来研究，还没有关于人吃巨型鱿鱼的报道。

另外，更重要的是，人们对巨型鱿鱼的生活习性和食物结构所知甚少，暂时恐怕都不会贸然把它变成“盘中餐”。它是否能吃，有没有毒都还是未知的。况且巨型鱿鱼是深海中的大型动物，人们难以捕捉到，更不要说把它变成一种常见食物了。至今，成年的巨型鱿鱼从来没有在它们的天然栖息地被看到过。目前，只能期望科学家对巨型鱿鱼的研究能有更多发现，以便于人们更加了解这种巨大又神秘的无脊椎动物。

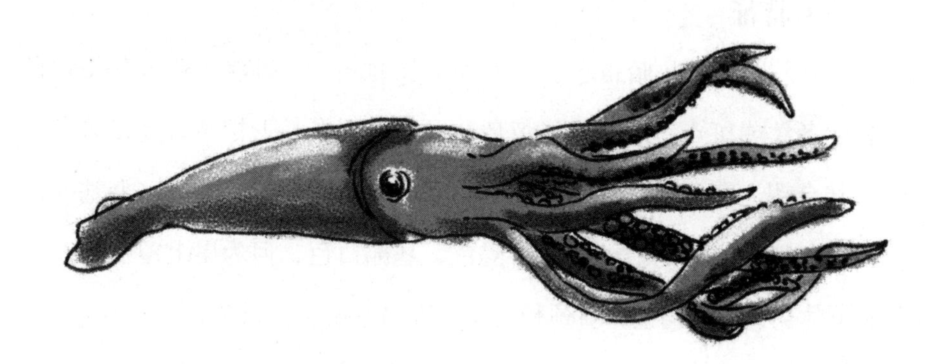

空中强盗——贼鸥

在地球的南极，生活着一种叫贼鸥的鸟类，它大约有半米长，嘴的前端是尖钩形的，十分凶猛。有人把它称为空中强盗，一点也不过分。尽管它的长相并不难看，褐色洁净的羽毛，黑得发亮的粗嘴喙，炯炯有神的圆眼睛，但其惯于偷盗抢劫，给人一种讨厌之感。

那么，贼鸥究竟是怎样一种动物，又是为什么如此招人讨厌呢？

1.外形特征

夏天时贼鸥上体呈暗褐色，后颈羽毛长而尖，羽轴淡黄色，背缀黄色或赭棕色条纹或斑点，肩缀有淡黄色，尾上覆羽具长形棕色斑纹，翼角黑褐色，其余翅上覆羽同背，但斑纹不明显。飞羽黑褐色，初级飞羽基部白色，在翼上形成显著的白斑。尾暗褐色，基部白色，但为尾上覆羽所盖。头侧和下体褐色或灰褐色，前颈和上胸微缀褐色纵纹或羽缘。

冬天后颈羽毛不变尖和延长，背部和下体黄色消失，羽色较淡。

幼鸟和成鸟相似。但体色较成鸟暗，上背、肩和翅上覆羽具淡色亚端斑。

2.栖息环境

我们经常能在海洋、海岸和岛屿上看到贼鸥的身影，到了繁殖季节，

它们通常栖息于邻近海边的草地和原野以及海岛上，常在湖泊、河流、水塘等水域岸边和附近草地上活动，有时候也在河口出没，非繁殖期主要栖息于开阔的海洋，有时也到近海、河口和内陆湖泊活动。

3.生活习性

贼鸥不喜欢群居，它们通常单独活动和成对活动，它们喜欢于海面上飞行，飞行速度快，且飞行有力，就是到了地面上，它们的奔走速度也很快。它们是很好的游泳能手，但不具备潜水能力。

贼鸥通常通过抢夺其他海鸟的食物或捕杀海鸟为生，有时也长时间伴随海上航行的船只飞行，从船上丢下的废弃物中觅食。

贼鸥之所以被称为“空中强盗”，主要就是因为它抢夺其它鸟类捕到的食物。当看到其它海鸟捕到鱼时，它就进行突然袭击，咬住海鸟的尾巴或翅膀，要不然就用身体冲撞，其它海鸟被它突如其来的行为吓得扔掉鱼

逃跑以后，贼鸥会在鱼掉落到海里之前迅速接住，自己吞食掉。有时，鲣鸟把捕到的鱼藏在嗉囊里带回去哺育幼雏，贼鸥就在半路截住鲣鸟撕打，直到鲣鸟迫不得已将嗉囊里的鱼吐出来才肯罢休，而后，得逞的贼鸥会毫不客气地将抢来的鱼吞个精光。

贼鸥更是企鹅的大敌。在企鹅的繁殖季节，贼鸥经常出其不意地袭击企鹅的栖息地，叼食企鹅的蛋和雏企鹅。

即使在它们自己的种群中，也常常彼此抢夺食物。当一只大贼鸥捕捉到食物后，其他贼鸥会立刻追赶而去，企图在它的同类嘴中夺取食物。

呆萌可爱的脆弱生物——海猪

生活中，猪是最为常见的一种动物，猪肉也是主要食用肉类之一，但其实，在南极也有一种长相酷似猪、但比猪小很多的生物，它就是海猪。其实海猪是海参的近亲，学名叫“管足”，有5～7对脚，生活在深海里，吃各种微生物和海洋动物尸体。因为它们皮肤里有毒素，是不能吃的。其实它很早就被瑞士动物学家发现了。

海猪们喜欢群居生活，不过有意思的是它们会在聚集时集体朝向一个方向，也就是海流方向，很像向日葵。

海猪是一种长得圆滚滚、胖嘟嘟还有奇怪触手的生物，栖息于深海海床上（通常水深超过1000米），以触手推送食物到嘴里。海猪们生命很脆弱，容易被寄生虫下手。

海猪和海参其实差不多，很多人都吃过海参，平常人们吃海参时，就有一种它都快要化成水的感觉。其实，海猪就像是“一层皮”包裹着体内复杂的水管系统，它的呼吸、排泄、运动等都依赖于这套水管系统，所以海猪看上去身体里就像是充满了水。但实际上，海猪和其他棘皮动物一样，体内也有神经系统、消化系统、循环系统和生殖系统等。

海猪生活在深海底泥表层，以上层海水沉降下来的“海洋雪”或其他有机物质，甚至微生物等为食物。摄食的时候，会用触手抓取食物送入口中，食物在消化道内被消化液分解，机体吸收其中的营养，食物残渣通过肛门排出体外。所以，尽管海猪身体里几乎全是水，它也是通过消化系统消化食物、获取营养，并很好地生存下去的。

第05章
北极地区的植物

也许你想象不到，在冰天雪地的北极，也有很多坚强的耐寒植物，北极地区有100多种开花植物，2000多种地衣，500多种苔藓，还有南极没有的植物，如蕨类植物和裸子植物等。那么，具体有哪些植物呢？我们来看看本章的内容。

耐高寒植物——北极柳

北极天寒地冻，但这里却生长着一种特别令人惊讶的北极柳树，的确，柳树在世界各个地方都能看到，它长得高大巍峨，是多年生木本树木。但是，在北极草原上的柳树，虽然也是木本，却非常低矮，只能贴着地皮生长，植株就像一棵蓬草，一年中枝条只能延长1毫米至5毫米，即使生长多年，北极柳也仅有20多厘米高，全然没有江南柳树“碧玉妆成一树高，万条垂下绿丝绦”的秀丽。

北极柳为什么如此矮小呢？这是因为北极的气候特别，与其他地区的陆地相比，这里风大、强风持续日数多、风力强，柳树稍稍长起来就会被吹倒，所以只能匍匐在地；而地下面又是冻土层，树根扎不下去，所以它只能长成丛状。

那么，北极柳是怎样的植物，又有什么特点呢？

北极柳为杨柳科柳属的植物。小灌木，小枝淡黄色，后成棕褐色或栗色，无毛。分布在欧洲、远东地区以及中国的新疆等地，生长于海拔2000米至2800米的地区，常生长在高山冻原。

叶为长倒卵形、椭圆形或卵圆形，长2～3厘米，宽1～2厘米，先端钝，基部阔楔形，上面绿色，下面较淡，全缘，幼叶微有柔毛，后仅沿叶下面中脉有疏长毛或无毛；叶柄长5～10毫米，较粗，基部扩展，上面有沟

槽，被疏柔毛。花序生于小枝上部，细圆柱形，长2～3厘米；雌花序果期伸长，花序梗具小叶片和绒毛；苞片长椭圆形，棕褐色，内面有长柔毛；腺体，腹生，全缘或浅裂（雄花）；雄蕊，花丝离生，无毛；子房长圆锥形，被短绒毛，花柱长约1毫米，柱头深裂。硕果长5～6毫米，棕褐色，微有毛。花期6～7月，果期8月。

可在周边气候较温和的地带生存，也可以在多雪、冰川地带生存，还可以在北极零下57℃至29℃的环境中很好地生存，是一种耐高寒植物。

北极柳木材质轻，供建筑、器具等用，细枝可编土筐，为早春蜜源树。

白色的仙女——仙女木

仙女木，是一种北极植物的名字。欧洲人干脆就叫它白色仙女或者白色的树妖。仙女木生长在冰雪融化的沙砾或不毛之地上，有利于改善土壤结构。仙女木是斯瓦尔巴群岛上的一道亮丽风景线。

仙女木是蔷薇科，仙女木属植物。常绿半灌木，根木质；茎丛生，匍匐，高3～6厘米，基部多分枝。叶亚革质，椭圆形、宽椭圆形或近圆形，长5～20毫米，宽3～12毫米，先端圆钝，基部截形或近心形，边缘外卷，有圆钝锯齿，上面疏生柔毛或无毛，下面有白色绒毛，有利于散播种子。侧脉7～10对，中脉及侧脉在下面隆起，有黄褐色分枝长柔毛；叶柄长4～20毫米，有密生白色绒毛及黄褐色分枝长柔毛；托叶膜质，条状披针形，长4～5毫米，大部分贴生于叶柄，先端锐尖，全缘，有长柔毛。

花茎长2～3厘米，果期达6～7 厘米，有密生白色绒毛、分枝长柔毛及多数腺毛。花直径1.5～2厘米，萼筒连萼片长7～9毫米，有疏生白色卷毛及多数深紫色分枝柔毛，并杂有深紫色及淡黄色腺毛；萼片卵状披针形，长5～6毫米，先端近锐尖，外面有深紫色分枝柔毛及疏生白色柔毛，内面先端有长柔毛；花瓣倒卵形，长8～10毫米，白色，先端圆形，无毛；雄蕊多数，花丝长4～5毫米，无毛；花柱有绢毛。瘦果矩圆卵形，长3～4毫米，褐色，有长柔毛，先端具宿存花柱，长1.5～2.5厘米，有羽状绢毛。花果期7～8月。

主要变种有东亚仙女木，和原变种区别在于叶片较宽，侧脉对数较多，7～10对，花直径1～2.5厘米。而原变种叶片为长圆形至椭圆形，先端急尖至稍钝，侧脉5～7对，花较大，直径可达3.5厘米。分布于日本、朝鲜、堪察加半岛、萨哈林岛（库页岛）等地；在中国分布于吉林（长白山、抚松）、新疆（天山）。生长于海拔2200～2800米的高山草原。

不过，仙女木并不是只有在极地的野外生存，还能人工繁殖，仙女木的播种繁殖，在园林部门，主要采用人工授粉的方法，进行杂交育种。先要采收种子，然后进行播种繁殖，8～9月果实成熟后便可采收，因为经过人工干预，它的新种子有抗旱、抗热的特点。

仙女木的果实属于宿存瘦果，能够自花授粉。但是，为了培育新品种，在花朵开放后，就要将多余的雄蕊剪除，进行异花授粉，在人工授粉后还需要用小塑料袋将其套上，避免自然杂交，使之达到育种目的。仙女

木的果实是一种果皮坚硬，具有1粒种子的小型闭果。它由1～3心皮构成，通常为两心皮，瘦果成熟时，果皮与种子仅有一处相连。

在收集齐种子后，要将其放到自然干燥处，略经晾干，促进生理性后熟，最后装入纱布袋中，常温贮藏，待到第二年春天进行播种繁殖。

仙女木是一种适宜庭院栽培的常绿观赏树种。株态矮小，萌发力强，适应性好，生长极其繁茂；花色、果态美丽，玉白色的花瓣围绕着金黄色的雄蕊群，态若仙女散花，果实鲜红晶莹；适宜中国以黄河流域为中心的广大地区，作为园林、公园、花坛、庭院等地的绿被植物栽培。

名贵药材——马先蒿

在北半球，尤其是北极和近北极地区、温带的高山地带有一种开紫红色花朵的植物，它就是马先蒿。马先蒿，与我们在花市常见的美女樱长得十分相像。不过，它可是地道的野花家族，在我国台湾的高山、东北甚至北美洲都可见它的芳踪，可以说是世界性的植物了。

马先蒿是玄参科、马先蒿属植物的统称。生长环境为较厚的土壤和充足的阳光，它最喜欢的生长地是向东的坡地。全株高 20～25厘米，叶子轮生，羽状浅列，纸质。

马先蒿的品种可达到600种以上，为双子叶植物中的大属之一。多年生，稀一年生草本，通常半寄生；叶互生、对生或3～5枚轮生，全缘或羽状分裂；花排成顶生的穗状花序或总状花序。

花呈红色或粉红色，雌雄同株，顶生，或者长在叶序先端，为穗状花序排列，花萼五裂，花冠为二唇裂，下唇又分三裂片。雄蕊有五枚，花丝线形，花柱细长光滑。花期比一般高山花季还早，五月至六月底开花。果实为蒴果，褐色，在七月至八月成熟。

在我国，马先蒿，又叫马屎蒿（《本经》）、马新蒿（陆玑《诗疏》）、烂石草（《肘后方》）、练石草（《别录》）、虎麻（《唐本草》）、马尿泡（《山西中草药》）。

在中医中，马先蒿主要有祛风湿和利小便的功效，主要用于风湿关节疼痛、小便不利和尿路结石等病症，对于妇女白带、疥疮和大风癞疾也能起到很不错的治疗效果。一般采取煎汤或研末内服的用法，对于疥疮等外患可采用煎水清洗患处的方式。

绚丽多姿——高山龙胆

在北极地区，有一种植物，基部被黑褐色枯老膜质叶鞘包围，根茎短缩，直立或斜伸，具多数略肉质的须根，这种植物叫高山龙胆，为龙胆科、龙胆属植物。生于山坡草地、河滩草地、灌丛中、林下、高山冻原，海拔1200～5300米处。龙胆科植物中有观赏价值的有华丽龙胆、流苏龙胆、兰玉簪龙胆、叶萼龙胆、大花龙胆、宽花龙胆等。龙胆以其绚丽多姿的花型花色，赢得了人们的钟爱。

那么，这种植物有着怎样的习性呢？

高山龙胆是多年生草本植物，植株高达20厘米。叶大部分基生，常对折，叶柄膜质；叶片线状椭圆形，先端钝；基部被黑褐色枯老膜质、叶鞘包围；枝2～4个丛生，其中只有1～3个营养枝及1个花枝，花枝直立，黄绿色，中空，光滑。基部渐狭；中脉在两面明显；茎生叶1～3对，叶柄长达6毫米；叶片狭长圆形，长1.8～2.8厘米，宽4～8毫米，先端钝。花1～3朵，顶生和腋生；无花梗至具长达4厘米的花梗；花萼倒锥形，长2～2.2厘米，萼筒不开裂，稍不整齐，先端钝，弯缺截形或圆形；花冠淡黄色，具蓝灰色宽条纹和细短条纹，筒状钟形或漏斗形，长4～5厘米，裂片宽卵形，先端钝圆，边缘具不整齐细齿，褶偏斜，截形；雄蕊着生于花冠筒中部，花丝丝状钻形，长13～16毫米，花药狭长圆形，长2.5～3.2毫米；子房线状

披针形，两端渐狭，柄长10～15毫米，花柱线形，连柱头长4～6毫米，柱头2裂，裂片外反，线形。蒴果内藏，椭圆状披针形，长2～3厘米，先端急尖，基部钝，柄长达4.5厘米。种子黄褐色，宽长圆形或近圆形，有光泽，表面具海绵状网隙。花、果期7～9月。

目前，高山龙胆已经能人工繁殖，但是需要注意以下繁殖要点：

1.种子繁殖

龙胆种子细小，千粒重约24毫克，只有在温湿的环境和适宜的光照条件下种子才会发芽，幼苗期生长速度很慢，喜弱光，忌强光，因此，在种子繁殖与幼苗保护上都有一定的难度，要求我们精耕细作，可使用新高脂膜拌种，提高种子发芽率，加强苗期管理，保持苗床湿润，用苇帘遮光。

2.分根繁殖

秋天可将龙胆的地下根以及根茎部分挖出，此时需要注意不能损伤冬芽，将根茎切成三节以上段，连同须根埋入土里，再覆土，保持土壤湿润，第二年即可长成新株，可喷施新高脂膜保护禾苗茁壮成长。

3.扦插繁殖

花芽分化前剪取成年植株枝条，每三节为插穗，剪除下部叶片，插于事先准备好的扦插苗床上，立即浇水，土温18～28℃，约3周可生根，成活率可达80%左右。

高山龙胆有着很出色的药用价值。主要功效有清热燥湿、泻肝胆火，用于湿热黄疸、阴肿阴痒、带下、湿疹瘙痒、肝火目赤、耳鸣耳聋、胁痛口苦、强中、惊风抽搐等症。

①清热燥湿：龙胆草能治疗湿热黄疸、阴肿阴痒、带下、强中、湿疹瘙痒等症。

②泻肝胆火：龙胆草能治疗胆囊炎、胆结石和病毒性肝炎等引起的黄疸、口苦、目赤、耳聋、胁痛等症。

③祛火定风：龙胆草能治疗因发烧引起的惊风抽搐。

④利水消湿：龙胆草主治目痛颈痛、两胁疼痛、湿热上亢等症。

⑤驱虫消食：龙胆草能治疗小儿疳积、胃中伏热、时气温热、热泄下利、去肠中小虫、益肝胆气、止惊惕等症。

雪绒花——北极棉

生活中的你可能听过一首叫《雪绒花》的歌，这首歌曲描述了一种小而洁白的美丽植物，这种植物就是被称为北极雪绒花的北极棉。也许你会感到诧异，在冰天雪地的北极，怎么会生出这种小花呢？住在北极的雪绒花们，又是怎样抵御北极酷寒的呢？

实际上，这些小花可比我们想的要坚强得多，它们在北极生活得非常好，那么北极棉到底有什么本领呢？

其实它是多年生的一种草本植物，尽管北极地区寒风凛冽，气候多变，冬季气温也常在零下60° 以下，大部分地区属于永久冻土带，但毕竟没有南极洲那么酷寒，因此，北极地区的植物比南极洲的长得更茂盛，种类也更多。北极棉每一颗都顶着一个小小的绒球，白白的一片，像是散落在苔原上的无数珍珠，实际上，它们就是用这些小球保护自已的种子免受冻害的。

北极棉通常能有超过两年的寿命，与我们常见的红薯、洋葱类似，成熟的北极棉能长到15到40厘米那么高，它们一丛一丛地生长在一起。

北极棉的花朵很小，在花瓣凋谢时，就成了丝毛，就好像一团团棉花一样，所以它通常被当地人叫作北极棉或者棉花草。小小的雪绒花，有着像野草一样细细的绿色叶子，头顶上还有一些白色绒毛，它们大多生长在极寒地带，那里年平均气温低于0℃，即便是最热的月份，一般气温也不会超过10℃。它们还特别喜欢高山和沼泽，甚至是北半球的北极地区。在这样一些寒冷又贫瘠的地区，为了生存繁衍，雪绒花有着一套独特的抵御寒冷的本领。

为了抵御北极的寒冷，北极棉的种子渐渐进化成了与棉花非常相像的绒球。棉花在结果的时候，会结出像小桃子一样的棉桃，也叫棉铃，然后从小桃子里面突出毛茸茸的植物纤维，也就是我们常说的棉花。

可是北极棉结不出小桃子，它们头顶毛茸茸的小球是由它们的种子顶端长出的细丝组成的，这些像棉花一样的小绒毛，就是它们抵抗北极低温的一个秘密武器。就像棉花能在冬天被我们做成棉衣、棉被御寒一样，雪绒花的绒毛也可以保护幼小的种子，帮种子抵抗北极的低温。

北极地区极为寒冷，所以为了生长繁衍，它们必须抓紧时间，在夏季，它们只有一个月的时间开花结果。这些小花的花期都非常短，在7月中旬时才会开出小花，而到了8月初盛开，在8月中旬，花期就结束了。

夏天的北极平均气温可以达到10℃左右，这为北极棉的繁衍提供了一个相对温暖的环境，北极棉花朵盛开的时候是一簇一簇的，一眼望去就像是珍珠项链洒落一地。远远望去河谷中那一片晃动的小绒球，在北极灰黄色的背景里，显得特别美丽。

在一年中的其他时间里，北极棉似乎很聪明，它们懂得养精蓄锐，它们会先褪去白色的绒毛，变成一株有着鲜绿茎叶的普通小草，然后就像冬眠的熊一样，减少水分摄入，保证自己的生长，在冰天雪地的北极，聪明的雪绒花为了更好地繁衍下一代，借助了风的力量来播撒种子。

北极棉也有气味，但与我们在生活常见的那些颜色鲜艳的花朵的气味不同，那些花能够吸引勤劳的小蜜蜂、昆虫，帮助它们把种子带向远方。但北极棉为了保暖，却不需要美丽的花瓣，它们会利用风自己传粉，它们

的种子成熟后，会分裂出像棉絮一样的白色细丝，就像是蒲公英的种子，这样既可以保护种子免受北极寒冷的冻伤，又可以随风飘向更远的地方生根，北极棉繁衍的时间只有一个月，在这一个月的时间里，它们的种子就会从最初那簇雪绒花离开，乘着风飞向不同的方向，只需要一片土壤，哪怕再遥远、再贫瘠，它也能落地生根，然后发芽。

事实上，在北极这样寒冷的地带，有很多和北极棉一样坚强的植物，平时它们只是这片大陆不起眼的一部分，却能勇敢地生存下去，抓住每一次短暂的机会，一代又一代地繁衍下去。

美白圣品——熊果

在一些护肤产品尤其是美白产品的成分表中，能看到熊果这种物质，其实它是来自于北极的一种植物，熊果是杜鹃花科熊果属，产于欧洲、亚洲、北美洲和中美洲，生长于环北极地区和高海拔地区。果可食用，因为熊喜欢吃，所以被称为熊果。

熊果是匍匐生长的常绿灌木，又被称为熊葡萄、熊莓，果实为红色的浆果。茎木质，通常高1.5～1.8米，根从茎节上长出。

那么，熊果是怎样生长于寒冷北极的呢？我们从下面几个方面来了解熊果。

1.外形特征

熊果属于杜鹃花科、常绿灌木，株高5～30厘米。老茎褐色，嫩茎通常为绿色，如果在日照强的地区，熊果的嫩茎会呈现红色。

叶为常绿性，可以持续生长在树上1～3年才会掉落，叶小，单叶，互生，倒卵形，质地硬且厚；叶面光亮，叶暗绿色，叶背的颜色比叶面淡。

熊果的花朵茎木质，根从茎节上长出，植株扩展，形成宽大的地被。叶丛到冬季变紫铜色，叶缘下卷，有流苏状毛。

开花时节在早春的3～6月，花有白色和粉红色两种颜色，花如倒钟

状，在细枝末端成小簇生长。

2.分布范围

熊果在欧洲、亚洲、北美洲等地都有较广泛的分布。

3.主要价值

熊果不但可以食用，还是一种药用植物，它的叶子富含熊果苷，具有抗菌消炎的功效，还是一种温和的利尿剂，如果泌尿系统有疾病，可以用它来治疗。另外，它还能减少皮肤中黑色素的形成，因此，在一些美白化妆品的成分中，往往能找到熊果苷。

将熊果的叶子浸泡在乙醇中，可以制作成熊果叶的萃取液，使用时需加水稀释。

熊果是一种很有观赏价值的常绿植物，可以作为观赏植物，也可以做为水土保持的植物，有防止水土流失的作用。由于熊果的叶子含有丰富的单宁酸，在以前也被拿来鞣制皮革。

4.食用注意事项

因为熊果中含有大量单宁酸，因此有些人食用后可能会出现痉挛、恶心或呕吐等不良反应。建议不宜长期大量[每天超过2～3克胶囊或片剂形式的标准化提取物（含有20%熊果苷）]服用。另外，孕妇和哺乳期妇女应避免服用熊果。

北极圈内的美味——云莓

草莓是很多人喜欢吃的水果，其实，北极也有一种类似草莓的植物，它就是云莓。在水果种类非常有限的北极地区，云莓历来是北极原住民的维生素来源之一。现在的北欧人民仍然痴迷于云莓的独特口味，对鲜云莓的热情不减当年。

每年到了云莓季节，就会有人穿着雨靴到野外寻找云莓，而在一些超市，也能见到云莓做成的食品，如云莓浆果、云莓酸奶、云莓冰激凌等。

云莓主要分布于日本、朝鲜、俄罗斯，北极或近北极地区也有分布。自然生长于整个北半球北纬55° 至北纬78° 的地区，非常分散，南至北纬44° 则主要分布在山区。

云莓雌雄异株，是多年生低矮草本植物，全株高5～30厘米，直径4～9厘米，基部具少数鳞叶，被短柔毛或稀疏短腺毛；基生叶肾形或心状圆形，顶端圆钝，上面近无毛，下面具柔毛并幼时有疏密不等的短腺毛。果实近球形，直径约1厘米，橙红色或带黄色。花期5～7月，果期8～9月。

云莓生长在阴凉处，喜欢中性和潮湿的土壤，在一些黏土或者排水好的土地里生长状况良好，不喜欢干燥的环境。因此，我们能在沼泽、湿草甸地区看到它们，它们也可以承受寒冷的气温，甚至在零下40° C以下也能生存。

云莓富含维生素C和E，75克的金黄色云莓浆果就能满足一个人一整天的维生素需求，在所有野生浆果中，云莓的纤维含量也是最高的。云莓还含有鞣花丹宁（一种多酚复合物），这是聚生核果常见的成分。

成熟的云莓呈金黄色，柔软多汁，新鲜的云莓味酸可口，有一种别样的风味，当果熟时，又有奶油质感，有点像酸奶并有甜味，可以做成果酱、果汁、蛋挞和甜酒。

在瑞典，云莓果酱可以制作一流的冰淇淋、煎饼和华夫饼；在挪威，由云莓作为原料进行制作的冰淇淋甜点，被称为云莓奶油点心，也可以被添加到蛋糕里。

在加拿大，云莓被制作出一种特殊的啤酒味，加拿大人也用其制作果酱。而在加拿大魁北克东北地区的一种云莓利口酒，被称为“chicoutai”，这是以当地的原住民名字命名的云莓利口酒。在阿拉斯加，浆果混合驯鹿脂肪和糖做成的冰激凌，是因纽特人的最爱。

由于云莓浆果的维生素C含量极高，位于北极的因纽特人和一些北欧海员也会用它们来预防坏血病，云莓叶在古老的斯堪的纳维亚作为草药用于治疗尿路感染。在传统的北欧国家，人们喜欢用云莓来制作芬兰露酒，这个酒有很浓烈的味道，富有丰富的糖分，在威士忌的制作香料中，也有云莓。

在新鲜、加工最少时，云莓的状态最好。云莓可以制成果酱、果汁、浆果汤和甜点。颜色鲜艳的漂亮浆果还适合做多种菜肴的配菜。云莓可以冷藏、榨汁保存或烹制成果酱。宝贵的籽油还可以用于生产化妆品。云莓含有苯甲酸，意味着浆果可以榨成果汁保存，并储存在阴凉的地方。

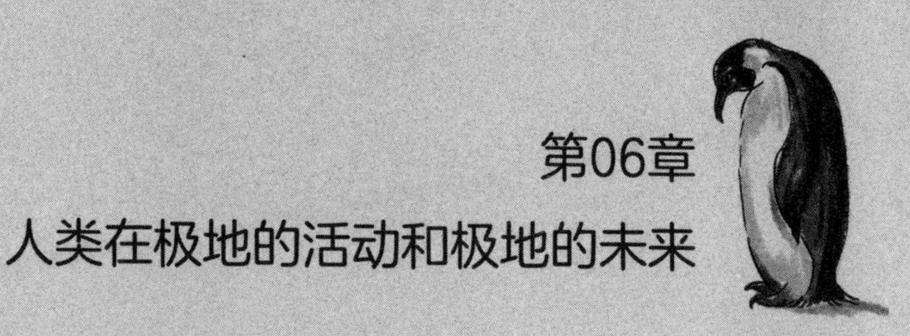

第06章

人类在极地的活动和极地的未来

一直以来，南北两极都是地球上未被开发、未被污染的洁净区域，蕴藏着无数的科学之谜和信息，在环境气候、天文学、地质学、生物学等多项科学领域占有重要地位；它们是地球的共同财富，其蕴藏着丰富的资源和能源，但随着人类对南北极的不断探索、开发和破坏，两极的生态和环境问题已经日益严重，很多生物“无家可归”，可喜的是，人类已经逐步遏制开发的脚步，努力寻找解决的方法并小有成效，希望能重新拥有一个洁净的极地。

人类在北极的探险历程

近几年来，随着全球变暖，北极航道上的坚冰逐渐融化，可持续发展的理念在北极开发中也成了许多国家的共识，人类在北极有着怎么样的探险史？在北极苍茫的冰盖上，又曾有哪些探险家留下了足迹？

13世纪，马可·波罗第一次来到中国，他感受到了中国的资源丰富、地大物博，并感叹中国是一个遍地有黄金的地方，可谓是人间天堂，这一消息传到欧洲后，欧洲人便开始探索到中国的最短航线，也就是丝绸之路。当时的欧洲人相信，只要从挪威海北上，然后向东或者向西沿着海岸一直航行，就一定能到达遥远且富饶的中国。除了探险家以外，一些渴望发财的商人也加入到这一寻找航线的队伍中。

1500年，葡萄牙人考特雷尔兄弟，从欧洲西海岸出发并一直往北，航行到了纽芬兰岛。1501年，他们继续往北，希望能找到人们梦寐以求的航线，却失败了，并死于这场探险活动中。

从1594年起，荷兰人巴伦支开始了他的3次北极航行。第三年，他不仅发现了斯匹次卑尔根岛，而且到达了北纬79° 49′ 的地方，这是人类北进的新纪录，更为惊奇的是，他竟然和队员们在此处度过了冬天，要知道，北极的冬天是多么寒冷。可惜的是，1597年6月20日，年仅37岁的巴伦支因为饥寒交迫、身体透支而死在了一块浮冰上。

1610年，受雇于商业探险公司的英国人哈德孙驾驶着他的航船“发现”号向西北航道出发，他们到达了后来以哈德孙的名字命名的海湾。不幸的是，22名探险队员中有9人被冻死，5人被因纽特人所杀，1人病死，最后只有7人活着回到了英格兰。

1616年春天，巴芬指挥着小小的“发现”号再一次往北进发，这是这条小船第15次进入西北未知的水域，发现了开阔的巴芬湾。

1725年1月，丹麦人白令被彼得大帝任命为俄国考察队长，希望他能完成“确定亚洲和美洲大陆是否连在一起”这一艰巨任务。白令和他的25名队员从彼得堡出发，然后向东出发，途经俄罗斯，在横穿了8000千米后，他和他的队员们到达了太平洋沿岸，然后，他们从那里登船出征，向西北方向航行。

在此后的17年中，白令与他的队员们先后完成了两次极为艰难的航行。在第一次航行中，他将勘察加半岛的海图绘制出来了，并且顺利地通过了阿拉斯加和西伯利亚之间的航道，也就是现在的白令海峡。第二次航行在1739年，他到达了北美洲的西海岸，发现了阿留申群岛和阿拉斯加。正是得益于这一次航行，俄国在阿拉斯加的领土得到了承认，不过，两次航行，却让一百多人为此丧命，当然也包括白令自己。

1819年，英国人帕瑞船长不畏艰险、坚持进入冰封的北极海域，尽管他最终没能打通西北航道，不过他却意外发现了一点，即北极冰盖原来是在不停地移动着的。他们原本在浮冰上艰难生存了61天，吃尽了苦头，步行了1600千米，而实际上却只向前移动了270千米。这是因为他们前进的方向与冰盖移动的方向正好相反，当他们往北行进时，冰层却载着他们向南漂去。结果，他们只到达了北纬82° 45′ 的地方。

1831年6月1日，著名的英国探险家约翰·罗斯和詹姆斯·罗斯发现了北磁极。

1845年5月19日，英国海军部又派出富有经验的北极探险家约翰·富兰克林开始第三次北极航行。全队129人在3年多的艰苦行程中陆续死于寒冷、饥饿和疾病。这次无一生还的探险行动是北极探险史上最大的悲剧，而富兰克林爵士的英勇行为和献身精神却使后人无比钦佩。

1878年，芬兰籍的瑞典海军上尉路易斯·潘朗德尔率领一个由俄罗斯、丹麦和意大利海军人员组成的共30人的国际探险队，乘“维加”号等4艘探险船首次打通了东北航线。

1905年，后来征服南极点的挪威探险家罗阿尔德·阿蒙森成功地打通了西北航线。他们的成功为寻找北极东方之路的旅程画上了一个完满的句号。

然而，这些以极其沉重的代价换来的成功，并没有给人类带来多少喜悦。因为穿越北冰洋的航行实在太艰难了，所以毫无商业价值可言。

这一持续了大约400年的打通东北航线和西北航线的探险活动，我们可称之为北极航线时期。

中国人在北极的足迹

我们都知道北极有着一望无际的雪原，坚冰覆盖着的曲折蜿蜒的海岸线，其间出没着寂寞的北极熊，还有祖祖辈辈坚守在这里的因纽特人，这里是人类文明的禁区，是大自然鬼斧神工的创作被保留得最完整的一块地方。北极有着如此多不为人知的现象，如此奇异的生物群落，让无数人前仆后继地前去探索……在这些探险者的队伍中，也有中国人的身影。

1951年，36岁的“测绘奇人”高时浏到达地球北磁极，从事地磁测量工作，成为第一个进入北极地区的中国科技工作者。

1991年，还在担任中国科学院大气物理所研究员的高登义参加挪威组织的北极浮冰考察活动，走进了北极地区，并且将五星红旗插在了这片土地上。

1993年，中国香港记者李乐诗乘加拿大飞机到达北极点，成为第一个到达北极点的中国女性。同年，中国科学技术协会成立中国北极科学考察筹备组，派沈爱民、位梦华和李乐诗3人从美国阿拉斯加进入北极地区考察。

1994年，国家测绘局周良赴北极进行卫星全球定位系统技术考察；中国科学院祝茜博士赴阿拉斯加进行北极露脊鲸考察；中国科学院张青松教授和侯书贵博士赴阿拉斯加北极地区进行气候与环境变化考察。

1995年，徐力群夫妇自费赴北极考察，目的是研究对比因纽特人和鄂伦春族的文化。同年，在中国官方和一些民间资助下，位梦华等7位中国科学家首次完成了中国人自己组织的北极点考察。

1999年，中国官方首次组织庞大的中国北极科学考察队，乘“雪龙”号船远征北极。

2003年，中国第二次北极科学考察队远征北极。中国北极科学考察站筹建并投入试运行。

其实，中国人与北极的渊源远不止于此。

人类首次徒步到达北极点

众所周知，北极终年寒冷，而比北极更冷的是北极点，它位于北极海域的中部。这里，物种匮乏、生存环境恶劣，除了原住民因纽特人外，鲜少有人定居，但正因为如此，才吸引着无数探险家前去一探究竟。

1650年，德国地理学瓦伦纽斯第一次将北极独立划分至北冰洋区，三百多年以来，人们从未停止在这一片土地上探险，为了更多地了解这一神秘区域，人们使用了一切可以使用的方法，有的乘船、有的坐雪橇、有的乘飞机或气球，但这些先进的方式，都无法和美国探险家皮里的双腿相比。

皮里为徒步去北极探险作了多年的准备，积累了丰富的经验，他先在格陵兰岛的冰上进行徒步和乘狗拉雪橇行军的训练。他吸取了以往北极探险的失败教训，学习当时还不为人们所重视的冰山漂流的知识，并决定从格陵兰岛的北岸开始他的北极探险之行。

皮里率领的北极探险队对北极一共进行了四次探险，前三次都没有成功。在1901年进行的第一次探险中，探险队到达北纬83° 54′ 后，由于重重冰山的阻拦加上拉雪橇的狗群极度疲乏，队伍只得返回原地。1902年皮里的第二次远征也没有成功，这次他们比上一次往北多走了37千米。1906年第三次去北极探险，他们曾到达北纬87° 06′，但最终因携带的口

粮不足而宣告失败。这些失利并没有把皮里吓倒，反而更坚定了他探险的决心。

1909年，皮里决定率领探险队第四次远征北极。他总结了以往几次失败的经验和教训，做了充分的准备工作。这次，他把参加探险的24名队员分成六组，其中五个组是辅助队，一个组是主力队。辅助队的主要任务是在前面开路，修筑营房和搬运行李物资，以保证主力队有效地向北推进。1909年2月22日，皮里率领的探险队从格陵兰岛西北的哥伦比亚角（北纬83° 07′ ）出发，那儿离北极点约760千米。探险队沿西经70° 经线经过25天的行程后，到达北纬85° 23′ ，平均每昼夜仅前进10千米。在到达北纬85° 以前，皮里就命令辅助队返回营地，同时更换了主力队中已损坏的狗拉雪橇，调换上了最好的狗。3月30日，皮里到达了北纬87° 47′ 。4月6日，探险队到达了北极点，他们成为世界上最早到达北极点的人。皮里在北极点逗留了30小时后才返回营地。

皮里在归途中的日记里写道：北冰洋洋面“真是十分惊人”。其实，这正是他梦寐以求所要见到的。

一次成功的穿越，让皮里在人类前行的史册上留下了光辉的名字，而这一切的前提就是他做好了充分的准备。之前的失败让他深深认识到准备的重要性，他才能够在最后一次尝试之前布置好一切，避免了许多可能发生的问题。

人类对南极的探索历史

自古以来，南极和北极作为神秘未知的地方，在某种程度上代表了整个世界的起点和终点。在公元2世纪，人们就已经知道南北极的存在，但是并没有涉足，那时候北极被称为北极圈，南极被称为南方。

到18世纪，身为探险家以及制图师的詹姆斯·库克带领英国皇家海军进军南极，这次旅程中他们发现了在这之前并未发现的岛屿，但可惜的是，他们并未到达真正的南极大陆。

1819年，沙俄派别林斯高晋率东方号与和平号两只船队，耗时两年多分别发现了两个岛屿，这两个岛屿位置在南纬69° 53′、西经82° 19′和南纬68° 43′、西经73° 10′。

1823年2月，英国人威德尔继续南下，到达了南纬74° 15′，这是当时探险家所到达的最南端的地方了。

1837年9月~1840年11月，法国迪尔维尔曾试图超过威德尔创造高纬度纪录，但并未成功，他于1840年1月19日发现了一个岛屿，并以自己妻子的名字将其命名为阿德雷地，命名其沿海水域为迪尔维尔海，后人还以其夫人的名字命名了一种企鹅，即阿德雷企鹅。

随后，英国的罗斯于1841年驶入后来以他的名字命名的罗斯湾，但他为冰障所阻无法到达他预测的南磁极——南纬75° 30′、东经154°。

1908年英国的沙克尔顿挺进到南纬88° 23′，离南极点仅差180千米，但由于食品耗尽而折回。

1909年莫森、戴维斯和麦凯首次到达当时为南纬72° 24′、东经155° 18′的南磁极。1911年12月14日和1912年1月17日挪威的阿蒙森和英国的斯科特率领的探险队先后到达南极点。

从1772年库克扬帆南下，到19世纪末，先后有很多探险家驾帆船去寻找南方大陆，历史上把这一时期称为帆船时代。

20世纪初到第一次世界大战前，尽管时间短暂，但人类先后征服了南磁极和南极点，涌现了不少可歌可泣的探险英雄。历史上称这一时期为英雄时代。

第一次世界大战后至20世纪50年代中期，人类在南极探险时逐渐用机械设备取代了狗拉雪橇。1928年英国的威尔金驾机飞越南极半岛，1929年美国人伯德驾机飞越南极点，同年另一美国人艾尔斯沃斯驾机从南极半岛顶端飞至罗斯冰架。飞机在南极探险方面为人类宏观正确地认识南极大陆提供了可靠的手段，历史上称这一时期为机械化时代。

从1957～1958年的国际地球物理年起至今，众多的科学家涌往南极，他们在那里建立常年考察站，进行多学科的科学考察，人们称这一时期为科学考察时代。

一般认为是法国的杜蒙·杜维尔在1840年1月18日发现南极大陆，英国海军上尉查尔斯·威尔克斯晚一日发现南极大陆。但由于有“日界线”的关系，颇有争议。第一个到达南极极点的人是罗尔德·阿蒙森。阿蒙森的主要对手罗伯特·斯科特在一个月后到达南极点。

为纪念阿蒙森和斯科特，阿蒙森–斯科特南极站于1958年在国际地球物

理年建立，并永久性地为研究员和职员提供帮助。

罗伯特·弗肯·斯科特是英国皇家海军军官，原先他既不是探险家，也不是航海家，而是一个研究鱼雷的军事专家。1901年8月，他受命率领探险队乘“发现”号船出发远航，深入到南极圈内的罗斯海，并在麦克默多海峡中罗斯岛的一个山谷里越冬，从而适应了南极的恶劣环境，为他后来正式向南极点进军打下了基础。斯科特攀登南极点的行动虽比挪威探险家阿蒙森早约两个月，但他是在阿蒙森摘取攀登南极点桂冠的第34天，才到达南极点，他的经历及后果与阿蒙森相比有着天壤之别。虽然他到达南极点的时间比阿蒙森晚，但是世界公认的最伟大的南极探险家。

南极科学考察站的意义

2011年12月14日，是人类征服南极点100周年纪念日。挪威探险家罗纳尔·阿蒙森在1911年12月14日成为踏上南极点的第一人。

在他踏上南极点的一个月后，他的竞争者——英国海军上校罗伯特·福尔肯·斯科特也到达了南极点。当他和同伴站在高达3000米的冰雪高原上时，他发现阿蒙森一行人曾到此的痕迹依然尚未消退，而且挪威的旗帜还在迎风飘扬时，他就知道自己失败了，后来他在日记中感慨："最糟的情况终于发生了……所有的梦想都破灭了。上帝啊，这是个恐怖的地方！现在我们要回家了，以一种绝望的力量……但能不能到家却是个未知数。"

挑战南极点的这一探险开始于20世纪初，这是一场无声的角逐和没有硝烟的战争，也是对人类极限的挑战。

南极大陆未来的开发利用，已经为世界各国所关注。各种瓜分南极的主张和借口应运而生。其目的主要在于夺取南极大陆丰富的资源，尤其是能源。各国政府耗巨资支持南极探险和考察，其重要目的之一就在于跻身南极，为未来着眼。

目前在南极有许多科学考察基地，这些考察站，根据其功能大体可分为常年科学考察站、夏季科学考察站、无人自动观测站三类。其中，常年科学考察站有50多个，中国的南极长城站和中山站是常年科学考察站；夏季科学考察站在南极洲大约有100个，经常使用的有70～80个，中国昆仑站为夏季科学考察站。

从各国南极科学考察站的分布来看，大多数国家的南极站都建在南极大陆沿岸和海岛的夏季露岩区。只有美国、俄罗斯、日本、法国、意大利、德国以及中国在南极内陆冰原上建立了常年科学考察站。其中，美国建在南极点的阿蒙森-斯科特站、苏联的东方站最为著名。2009年1月27日，农历大年初二，中国在南极内陆“冰盖之巅”成功建立了第三个南极科学考察站——昆仑站，这象征中国在南极的考察工作有了突破性进展，中国已经成功跻身国际极地考察的“第一方阵”，成为继美、俄、日、法、意、德之后，在南极内陆建站的第7个国家。中国昆仑站矗立在海拔4093米的南极“冰盖之巅”，是目前南极所建造的科学考察站中海拔最高的一个。

由于中国南极长城站、中山站都在南极大陆边缘地区，25年来，中国南极考察活动也大多在这些区域展开。内陆昆仑站的建成，将实现中国南极考察从南极大陆边缘地区向南极大陆腹地深入的历史性跨越。

为了在南极内陆建站，从1996年至2008年，中国南极考察工作者锲而不舍地进行了6次南极内陆考察。2005年1月18日，中国第21次南极考察冰盖队在人类历史上首次成功到达了南极内陆冰盖的最高点——冰穹A地区，为中国在南极内陆建站奠定了坚实的基础。2008年1月12日，中国第24次南极考察冰盖队，再次成功登顶，为内陆站建设开展选址工作。

作为安理会常任理事国和世界上最大的发展中国家，中国参与南极科学考察的意义尤显重大。建站对于提升中国在南极的科考水平、推动南极国际合作、保护南极环境将产生积极的影响。

人类活动对极地的负面影响

随着人们对极地的深入探索和了解，人类发现极地有丰富的资源，如南北极就有着丰富的矿产资源和石油资源，据已查明的资源分布来看，南极煤、铁和石油的储量为世界第一，其他的矿产资源还正在勘测过程中。然而，人类在探索和开发极地的同时，也对极地环境产生了严重的负面影响。

以下是我们总结出来的几个方面：

1.生物多样性锐减

无论是南极还是北极，都有大量的生物资源，如北极地区的北极熊、海豹、海象、海狮等，南极地区的鲸鱼、企鹅等。但近年来，由于商业利益的驱动，南极地区的鲸鱼遭到滥捕滥杀，已陷入危机之中。

2.冰川融化

全球范围内，随着人类生产活动的规模越来越大以及人口增加，被排放进入大气中的二氧化碳（CO_2）、甲烷（CH_4）、一氧化二氮（N_2O）、氯氟碳化合物（CFC）、四氯化碳（CCl_4）、一氧化碳（CO）等温室气体不断增加，大气的组成部分发生了变化，大气质量也受到了影响，全球变暖成为一种趋势。气候变暖将会对全球产生各种不同的影响，温度升高导致了冰川融化，科学家经过观察、研究和分析得出，在今后100年内，日益增长的人类活动对地球气候的影响将消融地球这个行星上广袤的极地冰盖。

3.臭氧层遭到破坏

人类活动所排放的氟里昂、二氧化碳等气体会加速臭氧层破损，这些破坏臭氧层的气体绝大部分都是人类在生产生活中所排放出来的，尤其在工业化国家较集中的北半球，每天都在大量排放出如工业废气、汽车尾气以及制冷剂所产生的氟里昂等气体。

4.动植物及土壤受扰与污染

人类在南极的活动已引发了南极地区区域性的土壤与植被污染、野生动物受扰、外来物种引进及细菌性疾病侵入等问题。

考察站使用的石油燃料和燃烧垃圾还对南极空气造成了污染，人类活动每年向南极大气中排放的铅几乎相当于南极大气含铅总量的20%。大气中悬浮污染物已对南极陆地植物产生了严重威胁。

终年生活在南极的野生动物同样受到了人类活动的侵扰。巨海燕、阿德雷企鹅等对人类活动较为敏感的南极野生动物，均因人类的侵扰数量大为下降。

作为人类食物的肉类、家禽、蔬菜以及人类种植的花草、豢养的动物等，甚至人类自身，都可能是病细菌的携带者与传播者，对南极地区原有的生命体系构成直接与潜在的威胁。

当然，人类对南极生态环境的影响，不仅来源于在南极地区工作和旅游的人类，远离南极的人类活动，同样会通过大气环流和海流影响到南极动物，因此，保护极地的生态环境，是全世界人类的责任。

保护极地就是保护人类自己。因为极地地区是全球气候系统的冷源，赤道地区是全球气候系统的热源，两者遥相呼应，对全球的气候变化起着至关重要的作用。据监测，南、北极冰原已开始融化，这将改变地球的生态系统，包括海洋及地表生物、气候、航运模式，甚至国防政策。另外据科学家的研究表明，北极地区冰雪覆盖面积的变化与北半球许多地区的降水有密切的关系。

提高全球对北极海冰、南极冰盖变化的重要性的认识，促进国际社会对极地生态系统的保护，加强极地气象研究，对于人类的生存具有十分重要的意义。

冰川融化：全球性的灾难

我们都知道，地球的南北两端，是这个星球上最寒冷的地方。当海洋结冰的时候，也意味着极地最冷季节的到来。很多生活在这里的动植物已经习惯了严寒，然而，随着人们对两极的探索、开发甚至破坏，以及全球气候变暖，两极冰川已开始快速融化，这会对两极的生态环境造成毁灭性破坏。

多年以前，曾经有专家预言有一天北冰洋上的冰层也许会突然消失，十年过去了，我们今天再看数据，你会发现，冰层消失的速度令人瞠目结舌，目前，有专家判断，大约到2040年，北冰洋的冰块就会完全融化。北极熊生存的领域正在减小，其他极地的动物同样也是。气温的变化让极地动物的虫卵过早孵化，苔原植物提前生长。许多鸟类错过捕食的季节，也逐渐死去。气候变暖、冰川消融对全人类的负面影响都是可见的。

冰川加速消融的严峻态势，必将带来以下严重的后果：

1.海平面上升

在过去一百年的时间内全球海平面已经上升了10～25厘米，而导致海平面上升的主要原因就是山地冰川和冰盖的融化，并且随着时间的推移，冰川融化的速度还在不断加快，如果所有冰盖都发生瓦解，那么，海平面

还会再上升6米。如果南北极两大冰盖全部融化，会使海平面上升近70米。

冰川消融引起海平面上升，沿岸大片地区将会被淹没，将会给在这些地方生存的人们带来毁灭性的灾难。

2.全球气候改变明显

冰川，尤其是极地的大范围冰盖能将大部分太阳光反射到空中，从而使我们人类居住的地球能保持在一个恒温状态下，但是如果冰盖融化，陆地会暴露在外面，陆地的吸热能力更强，从而导致冰体融化更多，接下来，会带来一系列的连锁反应，比如，地面增温加快，全球气候继续变暖。而北极地区冰体过度融化后，冰水会对欧洲部分地区和美国东部地区产生冷却效应，大量冰水流入北大西洋，又破坏大洋内的环流模式，反过来又影响着全球气候变化。所以说，这是一个恶性循环。

再说冰川融化带来的对局部地区的恶劣影响，以喜马拉雅山为例，如果按照这样的融化速度，未来5到10年，冰会使尼泊尔、不丹境内近50个冰川湖决堤而引发洪水；夏季冰川快速消融也会引发印度境内印度河、恒河水位上涨而造成洪灾。相反，随着冰川的退缩，很多以冰川融水为水源的地方将面临缺水危机，最典型的就是秘鲁和印度北部地区。

3.生态环境遭到破坏

冰川消融使一些动植物的生活环境被破坏，也给人类的生存环境造成威胁。有报道说，冰盖变化导致北极熊难以寻食而体重下降；南极的企鹅和海豹也因海冰减少和气温上升而改变了生活习性和繁殖方式；几百年至几万年前埋藏于冰盖中的微生物因冰川消融而暴露出来，它的扩散会对人类健康产生一定的影响。

近年来，祁连山冰川正在以每年2米至16米的速度退缩，其融水比上个世纪70年代减少了约10亿立方米，对那里的自然生态环境产生了严重影响。如民勤县，因发源于祁连山的石羊河年径流量锐减，不得不打深水井，造成地下水位下降，水质变坏，50万亩沙生植物焦渴而死，500万亩草场退化，风沙日数明显增多。因为水源减少，近10年来那里自然生态环境严重恶化，加上北方强冷空气南下引起的“狭管效应”，北临腾格里和巴丹吉林沙漠，面积达12万平方千米的戈壁和沙地、绵延1000多千米的河西走廊地区以及内蒙古阿拉善盟地区，目前已经成为中国北方强度最大的沙尘暴源头。

极地本来是一片极乐净土，那里有独特的自然景观与生物。但因为人类的各种活动，二氧化碳的排放，导致了气温的一度飙升。也许在我们彻底研究北极这片净土之前，它就已经不复存在了。为此，科学家们建议，必须采取行动控制气候变暖，保护极地，也是保护我们生存的地球。

极地环境问题的现状和未来

近年来，随着世界各国对环境问题的逐渐认识和重视，极地环境问题也成为人们关注的焦点。

实际上，极地遇到的威胁不只是气温升高后带来的冰川融化以及生态问题，更有大气污染、放射性物质的污染，这对于居住在极地上的生物来说，又是一场灾难。

极地的环境问题，总结起来有以下三点：

1.全球气温增暖带来的极地气候变化

极地区域的自然生态系统只有很低的适应能力，对气候变化具有很高的脆弱性。而极地区域的气候变化幅度又比世界上其他任何地方都要大，这会对南极和北极区域产生很大的物理、生态、社会和经济影响。

2.臭氧的衰竭

两极的大气问题除了全球变化带来的变暖问题外，最主要的还有平流层臭氧的耗竭、空气污染物的长距离传输。这些问题主要是由其他地区的人类活动造成的。

1985年，人们就发现了南极上空的季节性平流层臭氧层耗竭以及北极上空的平流层臭氧层耗竭，自此之后，这一问题一直颇受关注。自1985年至今，南极臭氧洞的深度、广度和持续时间都在稳步增加。据英国《卫报》报道，根据美国航空航天局（NASA）发布的观测结果，南极臭氧损耗严重。

3.工业污染尤其是大气污染

大部分工业化国家都集中在北半球，所以北极地区比南极地区更容易处在人为空气污染之下。盛行风把重金属、持久性有机污染物、放射性物质等污染物质带到北极地区，它们能在空中停留数个星期或数个月，也能被传播很长的距离。在北极的大部分地区，某些污染物质的浓度是如此之高以至于很难用本区的污染源来解释，它们来自于更远的南方。

北极地区的大气污染物浓度如此之高以至于“北极霾”也成为一个主要问题。“北极霾”这个名词第一次进入公众视野是1950年代，当时位于北美天气勘测飞机上的人员在北极的高纬度地区飞行时发现北极地区大气能见度降低，类似于中低纬度地区城市上空的霾，因此便有了“北极霾”这个名词。

北极霾的出现是季节性的，尤其是春季时最为严重，而发生北极霾的主要原因是来自于北极以外地区的人为污染物质的释放，源于北半球中纬度地区特别是欧洲和亚洲地区煤的燃烧。北极霾气溶胶的主要成分是硫化物质，含量可高达90%以上，这些物质的半径与可见光波长相当，这也可以解释为什么人类肉眼可以观测到北极霾。

目前，要改善极地的环境问题，还需要极地地区以及全世界的人们对有关政策和措施的执行。北极地区的国家已经采取了一系列的措施来改进

空气质量，这些措施包括签署大范围空气污染传输边界协定以及与此相关的一些议定，支持《关于持久性有机污染物的斯德哥尔摩公约》的制定等。另外，美国和加拿大的国内政策的调整也使一些持久性有机污染物、重金属以及硫化物质的排放得到降低。控制平流层臭氧浓度降低的措施依靠所有国家签署《蒙特利尔议定书》并顺利履行。

参考文献

[1] 大英百科全书公司. 大英儿童漫画百科·极地大冒险（精致版）[M].长沙：湖南少年儿童出版社，2017.

[2]（英）罗莎琳·韦德. 极地探秘[M].蒋志刚，李春旺，李春林，等译.北京：中央编译出版社，2009.

[3]（比）迪克西·丹瑟科尔，（比）蕾娜·欧利维亚.极地探险[M].郭典典，译. 北京：天天出版社有限责任公司，2018.

[4] 小牛顿团队. 极地探险[M].沈阳：辽宁少年儿童出版社，2021.